JN064270

Windows
Word
PowerPoint
Excel
パソコン入門
Windows Word PowerPoint Excel 2021
龍田建次 著
ムイスリ出版

はじめに

年賀状やその宛名書き、町内会の案内状の作成、家計簿や住所録の管理、確定申告の税金の計算などなど、私達の身の周りには、パーソナル コンピュータ（パソコン）が得意とする作業がたくさんあります。そう、パソコンは、私達が普段、面倒と感じる文書の書き直しや様々な集計など、繰り返しの作業が大変得意です。「そんなことは分かっている。だけど、なんとなくとっつきにくい」、「何から始めれば良いのか分からない」という方、実は私もそうでした。

「パソコンを使いこなすためには、まず、いろいろな難しい言葉を覚えなければ」と考えている方、そんなことはありませんよ。パソコンの言葉は、使っていく間に自然と身に付きます。ただしそのためには、使い続けることと、効果的な訓練を繰り返し行うことが大切です。

この本では、これからパソコンを使い始める方が、無理なくパソコン初級者になっていただけるように、文字の入力方法やポストカードの作成など、簡単な基礎から始めます。そして、迷わずにパソコンに慣れ親しんでいただけるように、操作方法を記述した演習を用意しました。まずは、この演習を繰り返しやってみて下さい。

今まで、パソコンを前に尻込みしていた方が、この本をきっかけに、パソコンを便利な文房具として活用できるようになっていただければ幸いです。

2024年2月

龍田 建次

目　次

volume 1　How to play Windows

chapter 1　Windows の基礎用語
1. デスクトップ・・・・・・・・・・・・・・・・・・・・・・・2
2. マウスの基本は、ポイント、クリック、ドラッグ・・・・2
3. スタートメニュー・・・・・・・・・・・・・・・・・・・・3

chapter 2　メモ帳で Windows を覚える
1. メモ帳の始め方と終わり方・・・・・・・・・・・・・・4
2. キーボード・・・・・・・・・・・・・・・・・・・・・・・6
3. データの保存と開く・・・・・・・・・・・・・・・・・・8
4. データの修正方法・・・・・・・・・・・・・・・・・・・12
5. 日本語を入力する方法・・・・・・・・・・・・・・・・・14

volume 2　Text of Word

chapter 3　Word の基本は、ポストカードで覚える
1. 始め方と終わり方・・・・・・・・・・・・・・・・・・・20
2. 文書の保存と開く・・・・・・・・・・・・・・・・・・・23
3. ページ設定と印刷プレビューと印刷・・・・・・・・・26
4. ページ罫線と図形とテキスト ボックス・・・・・・・・30

chapter 4　文字情報の扱い方は、ビジネス文書で覚える
1. ビジネス文書の形式とフォントと段落・・・・・・・・42
2. 表は、シンプルに、スピーディに作る・・・・・・・・48

volume 3　Text of PowerPoint

chapter 5　PowerPoint を始めよう
1. 始め方と終わり方・・・・・・・・・・・・・・・・・・・58
2. プレゼンテーションの保存と開くと印刷・・・・・・・61

chapter 6　プレゼンテーションはスライドの集まり
1. スライドの追加と並べ替え・・・・・・・・・・・・・・64
2. 背景とスライドのテーマ・・・・・・・・・・・・・・・68
3. スライド ショーと画面切り替え・・・・・・・・・・・72

chapter 7　スライドはオブジェクトの集まり
1. テキスト（文字）・・・・・・・・・・・・・・・・・・・74
2. オブジェクトの書式設定・・・・・・・・・・・・・・・77
3. アニメーション・・・・・・・・・・・・・・・・・・・・80

volume 4　Text of Excel

chapter 8　Excel は集計表（シート）がベース

1. 始め方と終わり方 ・・・・・・・・・・・・・・・・・・・88
2. データの入力、削除、編集 ・・・・・・・・・・・・・・・90
3. シートの保存と開く ・・・・・・・・・・・・・・・・・・94
4. ページ設定と印刷プレビューと印刷 ・・・・・・・・・・96

chapter 9　計算と表の飾り方（書式）

1. 計算は、数式に従って行われる ・・・・・・・・・・・・100
2. 行ごと・列ごとの編集（挿入、削除、列幅変更） ・・・106
3. セルごとの書式設定 ・・・・・・・・・・・・・・・・・108

chapter 10　グラフとデータベース

1. グラフ ・・・・・・・・・・・・・・・・・・・・・・・・・120
2. データベースの基本（Sort と Select）は、
Excel で覚える ・・・・・・・・・・・・・・・・・・・・126

appendix

演習問題 ・・・・・・・・・・・・・・・・・・・・・・・・・138

HTML の基礎知識

1. HTML って ・・・・・・・・・・・・・・・・・・・・・・150
2. HTML のタグ ・・・・・・・・・・・・・・・・・・・・・150

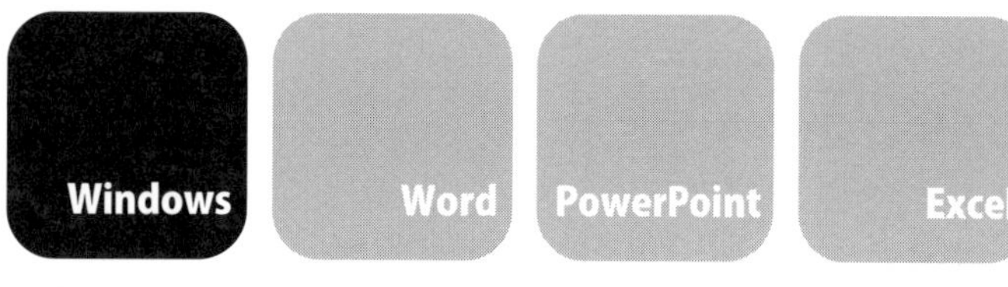

volume 1　How to play Windows

chapter 1　Windows の基礎用語

1. デスクトップ・・・・・・・・・・・・・・・・・・・・・2
2. マウスの基本は、ポイント、クリック、ドラッグ・・・・2
3. スタートメニュー・・・・・・・・・・・・・・・・・・3

chapter 2　メモ帳で Windows を覚える

1. メモ帳の始め方と終わり方・・・・・・・・・・・・・4
2. キーボード・・・・・・・・・・・・・・・・・・・・・6
3. データの保存と開く・・・・・・・・・・・・・・・・・8
4. データの修正方法・・・・・・・・・・・・・・・・・12
5. 日本語を入力する方法・・・・・・・・・・・・・・・14

chapter 1

Windows の基礎用語

これから演習を始める Microsoft 社の Word、PowerPoint、Excel は、パーソナル コンピューター（パソコン）で活用するビジネスソフトです。これらを使いこなすためには、一般に Windows と呼ばれる基本システム（OS: Operating System）の基礎知識が必要です。
Windows の基礎は、デスクトップ、マウス、スタートメニューの 3 つです。

1. デスクトップ

Windowsが起動すると、右のような画面がモニタに現れます。これが、デスクトップです。Windowsでは、デスクトップに、いろいろなソフトを広げて作業します。
左下の**[スタート]**ボタンから始めます。

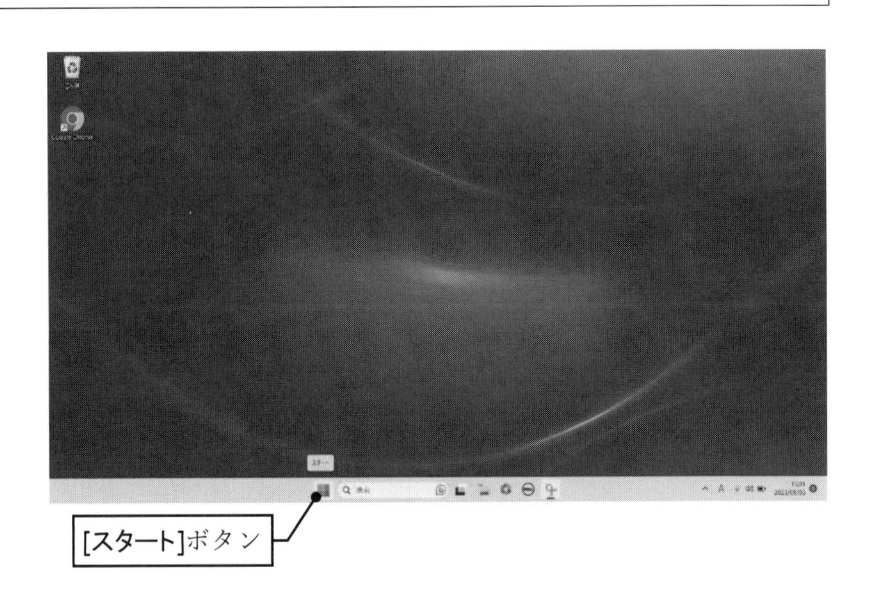

2. マウスの基本は、ポイント、クリック、ドラッグ

マウスを動かすと、デスクトップ上を矢印 が動きます。これが、マウス ポインタです。基本的な扱い方を以下に示します。**ポイント、クリック、ドラッグ**が基本です。

用　語	操　作　方　法
ポイント	マウスを動かして、マウス ポインタを目的の位置に合わせます。
クリック	左のボタンを 1 回押して、すぐ離します。
ドラッグ（つかむ）	左のボタンをずっと押したまま、マウスを動かします。
ドロップ（落とす）	ドラッグの状態から、左のボタンを離します。
ダブルクリック	左のボタンをカチカチと 2 回軽快に押して、離します。
右クリック	右のボタンを 1 回押して、すぐ離します。

3. スタートメニュー

[スタート]ボタンをクリックすると、次のようなスタートメニューが現れます。Windows では、ほとんどの作業が、このスタートメニューから始められます。**[ピン留め済み]**や**[おすすめ]**で目的のアプリやファイルが見つからなかったら、**[すべてのアプリ ›]**をクリックします。パソコンの組み込まれているすべてのアプリがリストアップされます。
[スタート]ボタンの横には、**[電源]**ボタンや**[エクスプローラー]**ボタンも並んでいます。

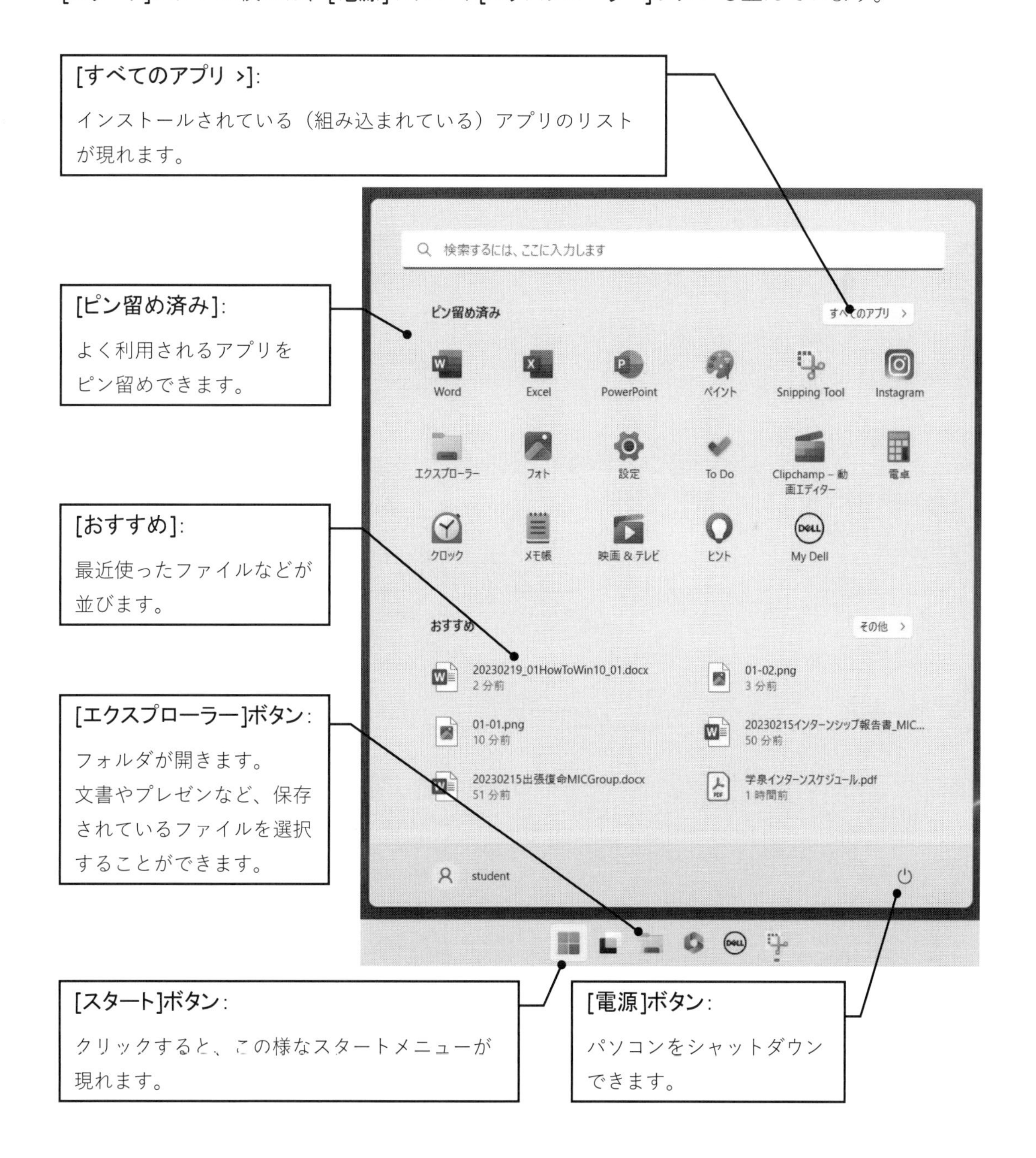

chapter 2

メモ帳で Windows を覚える

メモ帳は、Windows に付いているテキストエディタ（データを編集するためのソフト）です。ここでは、メモ帳を例に、Windows の基本的な使い方を紹介します。

1. メモ帳の始め方と終わり方

1.1　始め方

(1)　**[スタート]**ボタンをクリック。

(2)　**[すべてのアプリ >]**をクリック。

(3)　**[メモ帳]**をクリック。

> ※ 次ページに示す「メモ帳のウィンドウ」が現れます。

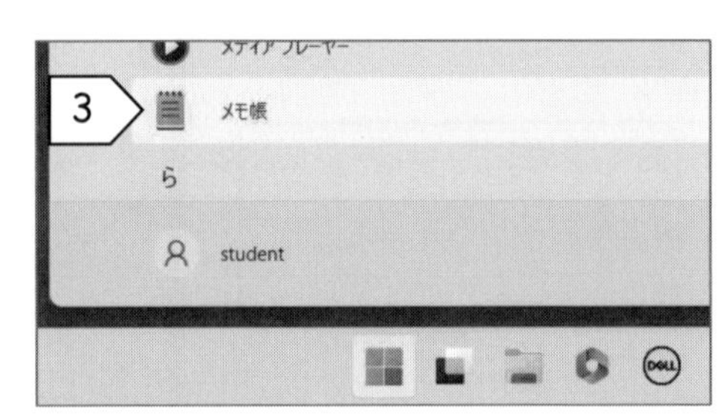

1.2　終わり方

(1)　**[ファイル]**をクリック。

(2)　**[終了]**をクリック。

> ※ あるいは、ウィンドウ右上の [×] をクリック。
>
> ※ 終了時に、開いているデータについて、保存するか問われたら、適宜判断します。

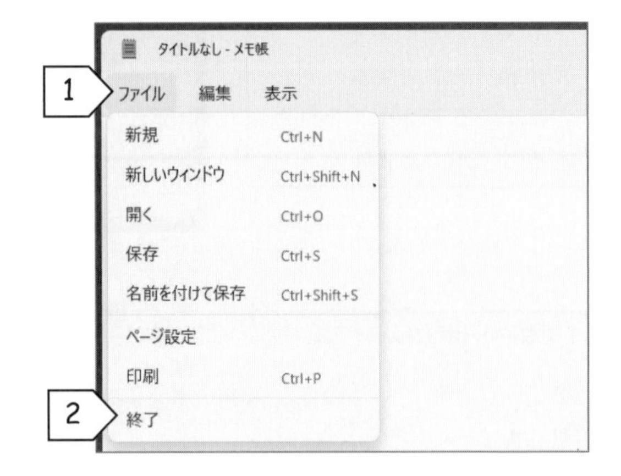

メモ帳のウィンドウ

Windows では、いろいろなウィンドウ（窓）を開いて作業します。ウィンドウの形はおおむねメモ帳と一緒です。まず、「**タイトルバー**」と「**メニューバー**」を覚えます。

タイトルバー：

そのウィンドウのタイトルを表示するとともに、ウィンドウ全体を移動させたり、サイズを変更するときに使います。
タイトルバーの右端には、ウィンドウをデスクトップから一時的に消す**[最小化]**、デスクトップいっぱいに表示する**[最大化]**、ソフトを終了する**[閉じる]**の **3 つのボタン**が配置されています。

メニューバー：

メモ帳には、**[ファイル]**、**[編集]**、**[表示]**の **3 つのコマンド**が並んでいます。いずれかをクリックすると、掛け軸のようにプルダウンメニューが現れます。

2. キーボード

パソコンのキーボードは、文字を入力するばかりではなく、いろいろな命令を与える重要な入力装置です。パソコンを使いこなすためには、キーボードをよく知ることが必要不可欠です。

2.1 中心の[K]·[D]と、触れば分かる[J]·[F]

キーボードで最初に覚えたいキーは、右手・左手の中心にある[K]・[D]と、触れば分かる[J]・[F]です。[K]と[D]は左右の**中指**に、また[J]と[F]は**人差し指**に覚えてもらいます。

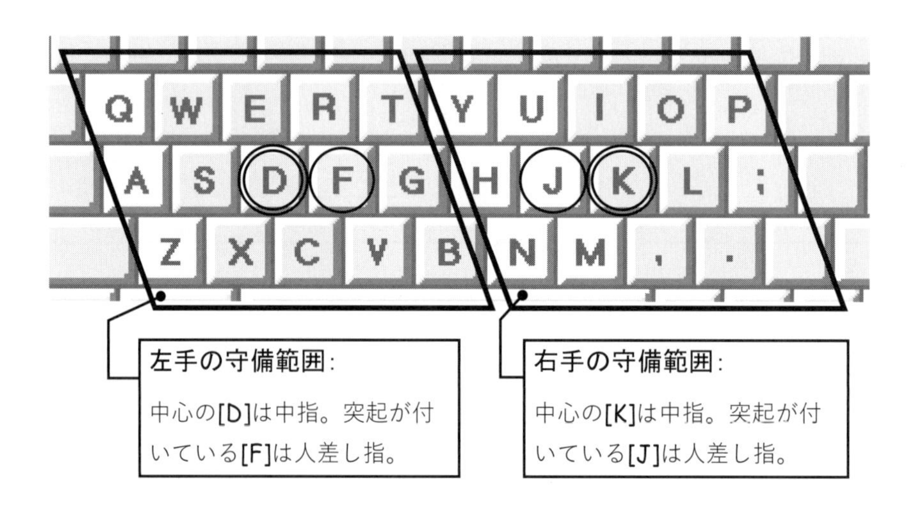

後は、じっくりしっかり指にキーを覚えてもらいます。キーボードを見ずに入力するタッチタイプになれば、パソコンはあなたの思いのままです。右手・左手の中心の[K]と[D]を大切にして、すべてのキーをスムーズに打てるように練習して下さい。練習方法は「増田式」が有名です。

2.2 キーに書かれている文字の入力方法

入力に用いるキーには、1 つ～4 つの文字が書かれています。これらの文字は、[Shift]などを併用すれば、すべてが入力可能です。

(1) アルファベット以外のキー

単独でそのまま押すと、**左下の文字**が入力されます。[Shift]を押しながらそのキーを押すと、**左上の文字**が入力されます。

> ※ [Shift]+とは、[Shift]を押した状態で、対象のキーを押すことを示しています。
>
> ※ カナモードにするには、MS-IME を用いますが、ここでは説明を省略します。

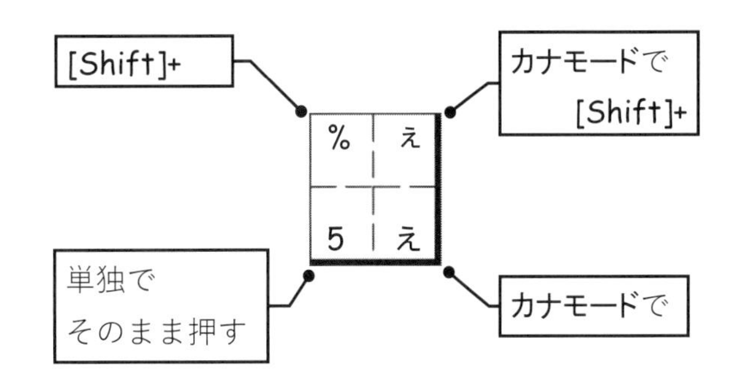

例えば、[5]のキー

(2) アルファベットのキー

単独でそのまま押すと**小文字**が入力されます。[Shift]を押しながらそのキーを押すと、**大文字**が入力されます。

> ※ ただし、[Caps Lock]では、逆になります。[Caps Lock]とは、[Caps Lock]ランプが点灯している状態のことです。ランプは、[Shift]+[Caps Lock]で点灯し、もう 1 回押すと消えます。
>
> ※ この先、特に指定しない限り、[Caps Lock]ではない状態を前提に進めていきます。

アルファベットの大文字と小文字

	そのまま	[Caps Lock]
そのまま	小文字	大文字
[Shift]+	大文字	小文字

3. データの保存と開く

作成した書類をバインダにファイルするように、メモ帳で入力したデータも、USB メモリーなどいろいろなフォルダーにファイルできます。

3.1 データを保存する

(1) [ファイル]→[名前を付けて保存]。

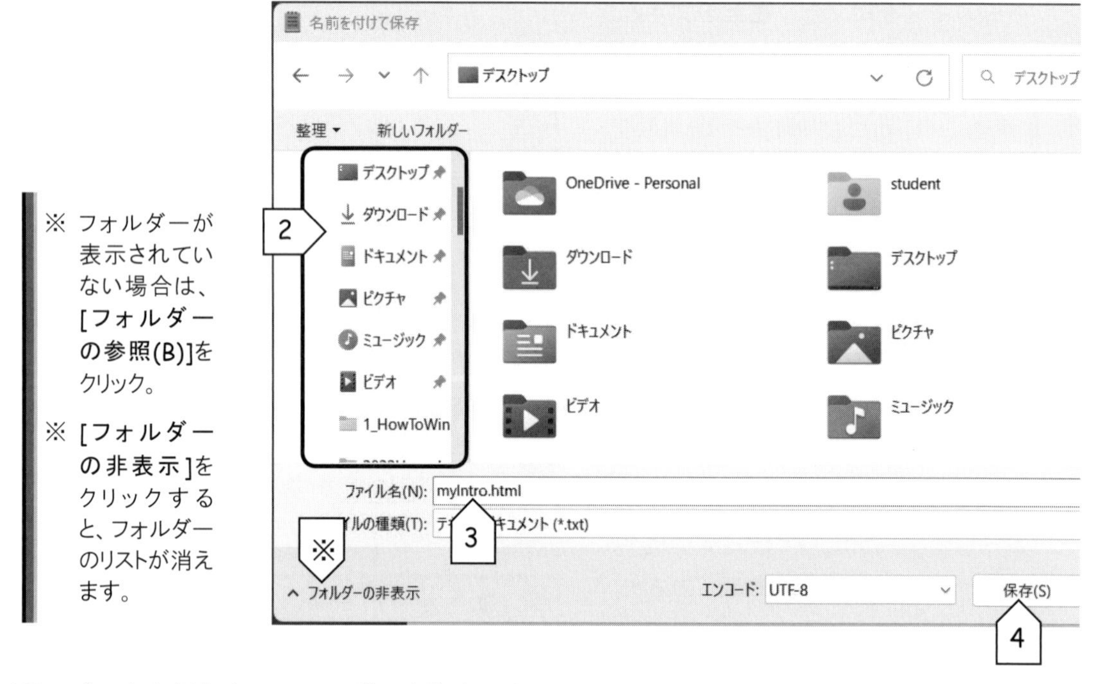

※ フォルダーが表示されていない場合は、[フォルダーの参照(B)]をクリック。

※ [フォルダーの非表示]をクリックすると、フォルダーのリストが消えます。

(2) データを保存するフォルダーを指定します。

(3) 「ファイル名(N):」を入力します。

(4) [保存(S)]をクリック。

ファイル名には、意味のある名前を

ファイル名は、数多く保存されているデータの中から、目的のものを特定するための大切な識別子（名前）です。ある程度意味のある名前を付けるようにします。

演習 1　自己紹介 web ページ

あなたの自己紹介 web ページを、メモ帳を使って作ります。

---

(1)　**[スタート]**ボタン→**[すべてのアプリ ›]**→**[メモ帳]**を選択して、**メモ帳**を起動します。

(2)　押す指に気を付けて、次のデータを正確に入力します。

▶　間違えてしまったら、「4. データの修正方法（p. 12〜）」を参考にして、正確なデータに修正しなければなりません。

```
<html>
<head>
<title>myself-introduction</title>
</head>
<body>
<h1 align=center>myself-introduction</h1>
<p align=right>set up: Apr.xx.20xx.</p>
<p>name:</p>
<p>no.:</p>
</body>
</html>
```

※ ここで入力したデータは、HTML というルールに従うもので、次ページの web ページの元です。
appendix の「HTML の基礎知識（p. 150〜）」を参考に、各箇所の意味を解読してみましょう。

(3)　入力したデータに、ファイル名「**myIntro.html**」を付けて保存します。

▶　前ページの「3.1 データを保存する」が、参考になります。

▶　ファイル名「**myIntro.html**」はすべて半角で入力し、保存するフォルダーは各自で決めます。

(4)　**[ファイル]**→**[終了]**を選択して、メモ帳を終了します。

(5)　以下の手順に従って、「**myIntro.html**」を表示します。

1)　**[スタート]**ボタン→**[エクスプローラ]**→**保存したフォルダー**を**ダブルクリック**。

2)　「**myIntro**」を**ダブルクリック**。

▶　次ページの web ページが現れます。

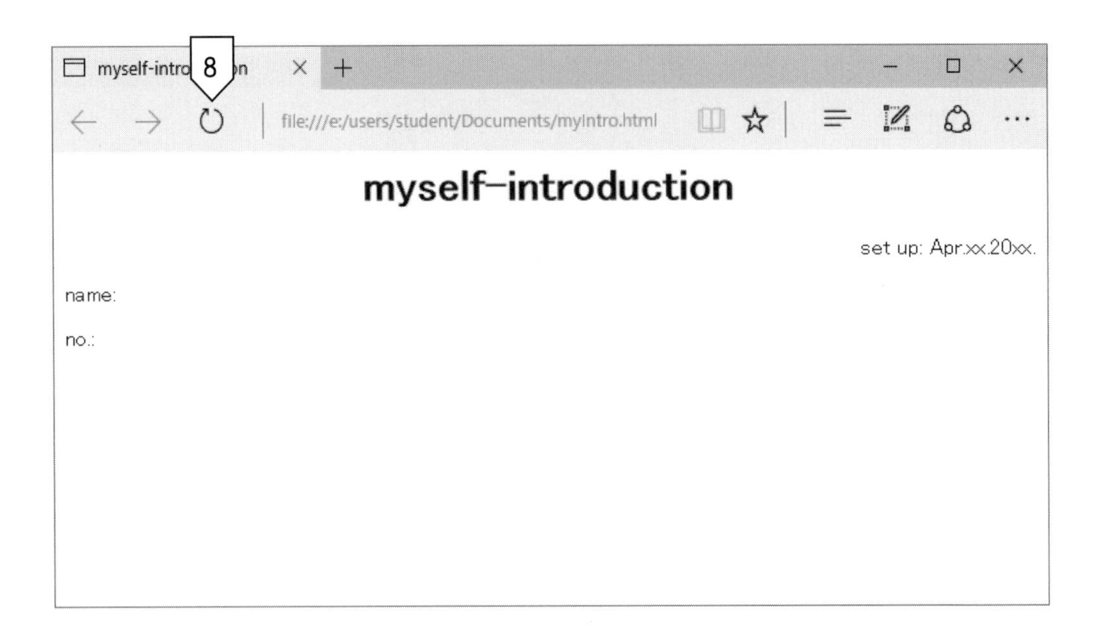

(6) 改めてメモ帳を起動し、「**myIntro.html**」を開きます。

▶ 次ページの「3.2 データを開く」が、参考になります。

▶ 「**myIntro**」は、保存したフォルダーを指定し、**ファイルの種類**を「**すべてのファイル**」にすると、ファイル リスト ボックスに現れます。

(7) メモ帳で、入力されている日付（Apr.xx.20xx.）を本日の日付に変更し、「name:」と「no.:」の右に、各自の氏名と学籍番号（無い方は好きな番号）をそれぞれ挿入します。

▶ 「4. データの修正方法（p. 12～）」が、参考になります。

(8) データを上書き保存し、Chrome で**[最新の情報に更新]** をクリック。

▶ 日付、氏名、番号が、それぞれ新しいデータに更新されます。

(9) メモ帳と Chrome を、それぞれ終了します。

▶ Chrome の終了の方法も、メモ帳と一緒です。挑戦して下さい。

3.2 データを開く

(1)　[ファイル]→[開く]。

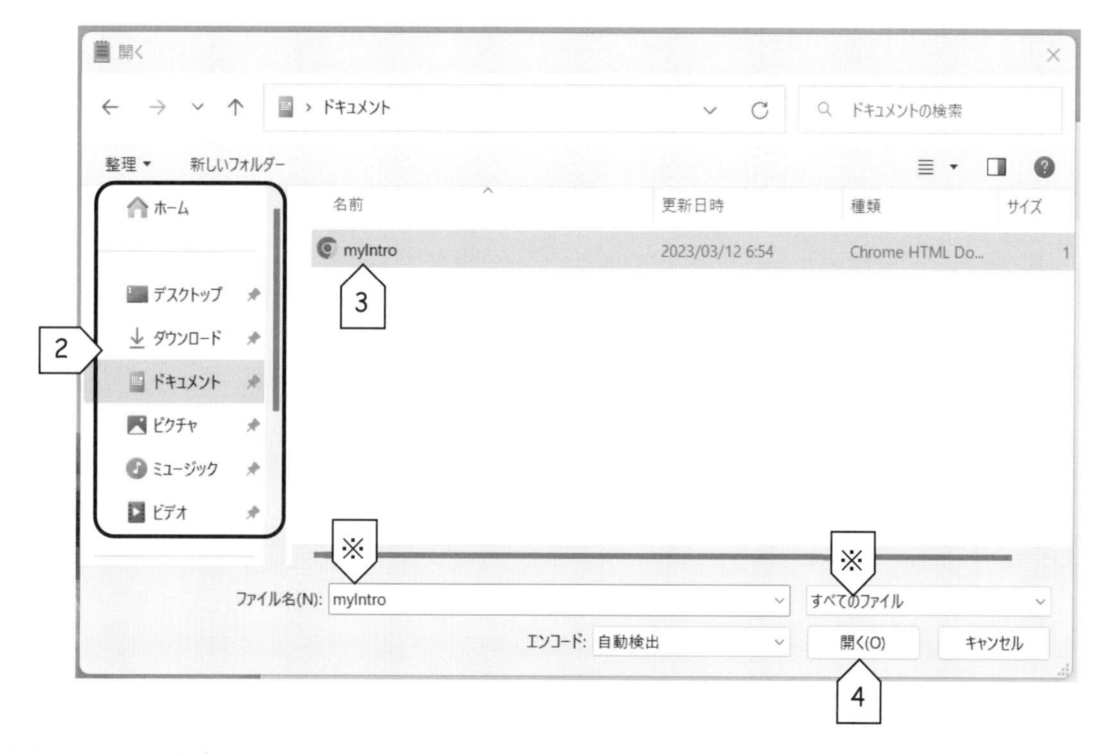

(2)　シートが保存されているフォルダーを指定します。

(3)　目的のファイル名をクリック。

> ※ 目的のファイル名に枠が付き、その名前が「**ファイル名(N):**」に入ります。
>
> ※ ファイル名が現れない場合は、「**ファイルの種類:**」を「**すべてのファイル**」にしてみます。

(4)　[開く(O)]をクリック。

既にファイル名が付いている場合は、[上書き保存]で OK

ファイル名が付いているデータを開き、修正して、改めて保存し直す場合は、**[ファイル]→[上書き保存]**で OK です。修正前のデータを残す必要がある場合は、**[ファイル]→[名前を付けて保存]**を選び、別のファイル名を付けます。

4. データの修正方法

手紙や文書を書くときは、校正を幾度となく行いますが、パソコンを使う場合もまったく一緒です。ここでは、最も基本的な文字の挿入と削除、コピー&ペーストの方法を紹介します。

4.1 データの挿入は、カーソルを立てて→入力

(1) データを挿入したい位置に、**カーソル**を移動させます。

> ※ カーソルとは、メモ帳内で**点滅している棒**（｜）のことです。
>
> ※ クリックか、[↑][↓][←][→]（カーソルキー）で動かせます。

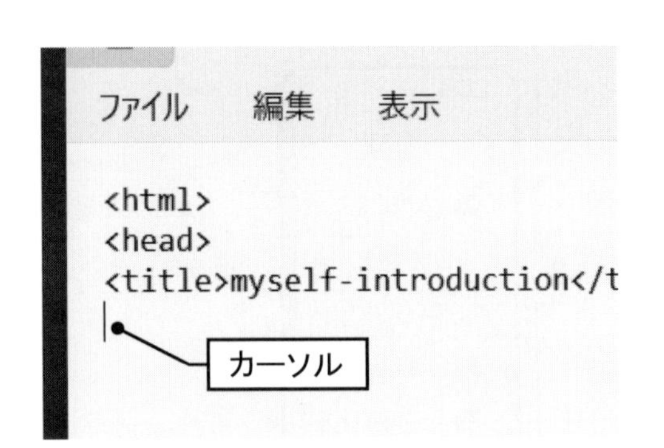

(2) データを入力します。

> ※ そこにあったデータが右に押し出され、入力したデータが挿入されます。

4.2 一文字削除は、カーソルを立てて→[Delete]

(1) 削除したいデータの位置に、**カーソル**を移動させます。

(2) [Delete]または[Back Space]を押します。

> ※ 押すごとにデータが削除され、その分詰まります。
>
> ※ [Delete]では、カーソルの後ろにあるデータが削除されます。
>
> ※ [Back Space]では、カーソルの前にあるデータが削除されます。
>
> ※ 通常は、データを見直しているときは[Delete]を、キー入力の直後に間違いに気付いたら[Back Space]を使っているようです。

4.3 一度に消したいときは、ドラッグ&ドロップ→[Delete]

(1) 消したい**範囲を選択**します。

> ※ 範囲の選択は、ドラッグ&ドロップか、[Shift]+カーソルキーで行います。
> 下の「範囲の選択は、ドラッグ&ドロップか[Shift]+カーソルキー」が参考になります。

(2) [Delete]。

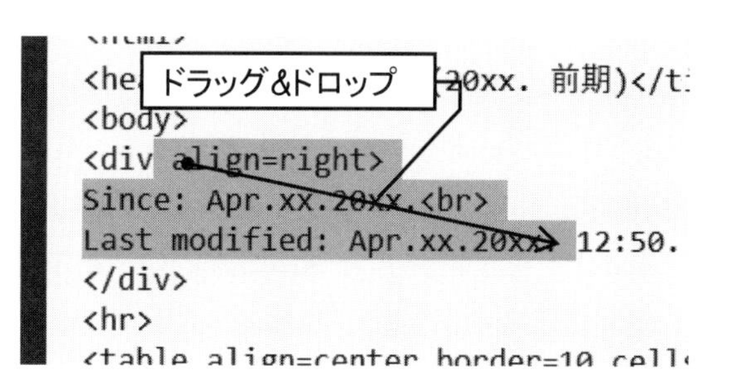

4.4 コピー&ペーストは、ドラッグ&ドロップ→右クリック→

(1) コピーしたい**範囲**を**ドラッグ&ドロップ**して、

(2) **右クリック**。

(3) **[コピー]**をクリック。

> ※ [切り取り]をクリックすれば、データの移動ができます。

(4) 貼り付けたい位置をクリックして、**右クリック**。

(5) **[貼り付け]**をクリック。

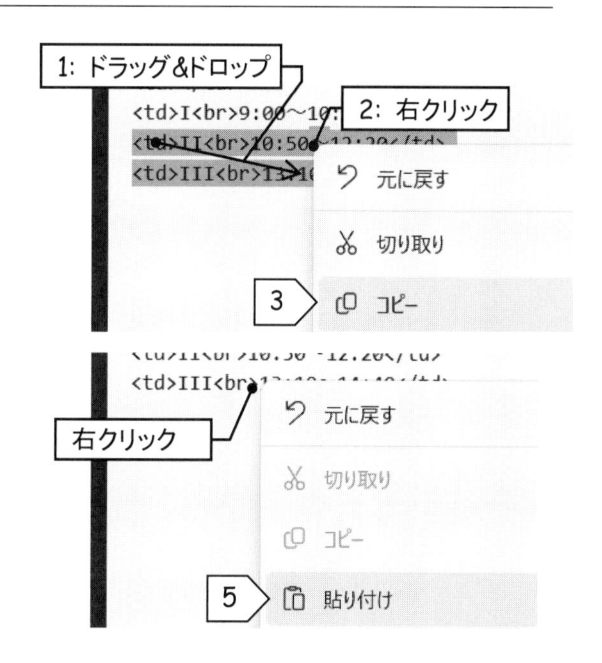

範囲の選択は、ドラッグ&ドロップか[Shift]+カーソルキー

データのある部分を選択する場合は、マウスでのドラッグ&ドロップか、[↑][↓][←][→]（カーソルキー）と[Shift]を使います。カーソルキーの場合は、最初の位置にカーソルを立ててから、[Shift]を押しながらカーソルキーを押して範囲を広げます。選択されたデータは青白反転表示になります。

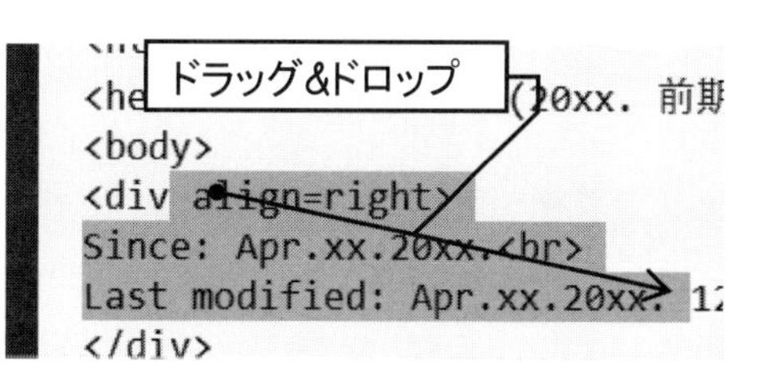

5. 日本語を入力する方法

パソコンは、もともとアメリカ生まれですから、扱える文字はアルファベット、数字、それから英文で用いられる記号（.,?!;: など）だけです。しかし、日本では、それだけでは足りません。キーボードにカナを割り当てたり、ローマ字を仮名に変換し、さらに漢字に変換する「日本語入力システム」を開発したりと、日本語を入力する工夫がなされています。
Microsoft 社が開発した「IME」という日本語入力システムの使い方と、日本語入力のリズムを紹介します。

5.1 「A 半角英数字」モードを「あ ひらがな」モードにして日本語入力

(1) [A]を右クリック。

(2) [あ ひらがな]をクリック。

※ ツールバーの[A]が[あ]に変わり、キーボードから日本語が入力できるようになります。

※ 元に戻すには、[あ]を右クリックして、[A 半角英数字]をクリック。[A]に戻ります。

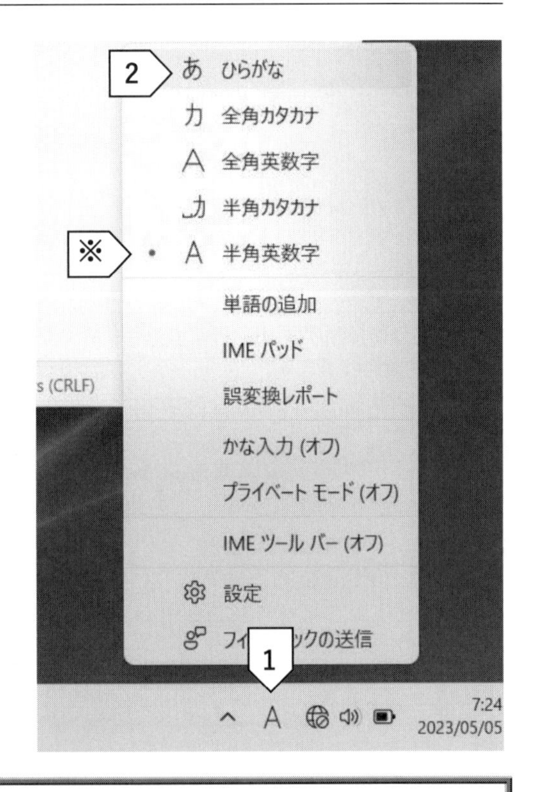

半角と全角

コンピュータで日本語を扱い始めた頃、漢字やひらがなは、正方形を基準にして表現されていました。この正方形に収められた文字を全角文字と呼んだところから、その半分の面積で表せる文字を半角文字と呼ぶようになったようです。
通常は、アメリカ人も使うアルファベットや数字は半角で入力し、日本人しか使わない文字は全角で入力します。なお、カタカナの半角はデータのトラブルの元ですから、皆さんは入力しないように。

5.2 日本語入力のリズム（漢字変換）

「**読みの入力**」、「**変換**」、「**確定**」の3拍子が、日本語入力の基本です。

※「3 確定」は省略できます。

※ 変換のタイミングは、文節ごとに行うのが最も効率的と言われています。

日本語入力のリズム（漢字変換）

1 読みの入力	読み仮名を入力します。
2 変換	[Space]を数回押して、目的の漢字に変換します。
3 確定	[Enter]を押して、文字を確定します。

日本語入力中に覚えておくと便利な機能を、右の表にまとめておきます。

日本語入力の時に便利なキー

キー	機　能
[Esc] or [Back space]	入力中の間違いが取り消されます。
[←] or [→]	変換対象の文節を変更します。
[Shift]+[←] or [Shift]+[→]	変換の範囲を変更します。

5.3 漢字以外の文字に変換

変換の際、[Space]の代わりに、右の表に挙げたキーを押すと、それぞれの文字に変換されます。

[A]を右クリックすると現れるメニューの中の「IME パッド」を使うと、キーボードにない記号も入力できます。

日本変換の時に使えるキー

キー	機　能
[Space]	漢字変換
[F6]	ひらがな変換
[F7]	カタカナ変換
[F8]	半角変換
[F9]	英字変換
[F10]	半角英字変換

演習 2　時間割 web ページ

あなたの時間割を、web ページ形式で作ります。ただし、この演習は Windows とメモ帳の演習ですから、web ページに関する説明は省略します。web ページに興味を持った方は、appendix の「HTML の基礎知識（p. 150〜)」を参照して下さい。関連の本を探して下さい。

---

(1) メモ帳を起動して、次のデータを正確に入力します。

▶ アルファベット、数字および英文で用いられる記号は、すべて半角で入力します。

```
<html>
<head><title>時間割 (20xx. 前期)</title></head>
<body>
<div align=right>
Since: Apr.xx.20xx.<br>
Last modified: Apr.xx.20xx. 12:50.
</div>
<hr>
<table align=center border=10 cellspacing=5 cellpadding=10>
<tr>
<td><font size=5><i>20xx 年度 前期 時間割</i></font></td>
</tr>
</table>
<div align=right>by ????.</div>
<hr>

</body>
</html>
```

(2) 入力したデータに、ファイル名「**myTTable.html**」を付けて保存します。

▶ 「3.1 データを保存する（p. 8)」が、参考になります。

▶ ファイル名「**myTTable.html**」は、すべて半角で入力します。

▶ 保存するフォルダーは各自で決めます。

(3) 以下の手順に従って、「**myTTable.html**」を表示します。

1) **[スタート]**ボタン→**[エクスプローラ]**→**保存したフォルダー**を**ダブルクリック**。

2) 「**myTTable**」を**ダブルクリック**。

▶ 次ページの web ページが現れます。

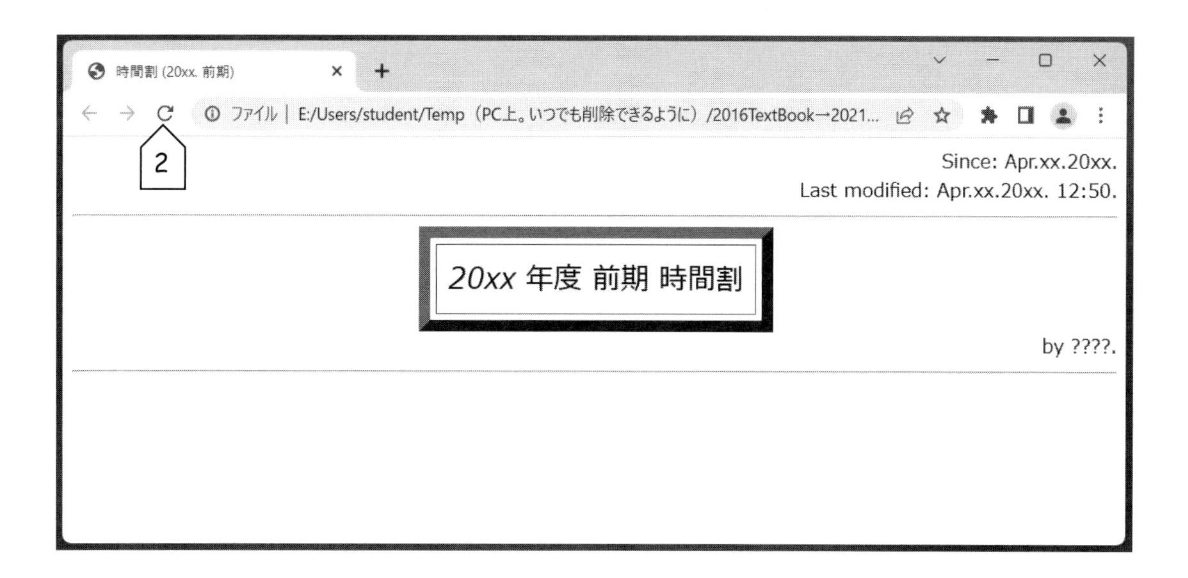

※ うまく表示できなかった場合は、データのどこかに間違いがあります。メモ帳に戻って、しっかりデータを確認します。

(4) 以下の手順に従って、時間割の時間帯を追加します。

1) メモ帳に戻って、一番下の「<hr>」と「</body>」の間に、次のデータを追加します。

```
:
<div align=right>by ????.</div>
<hr>

<table align=center border=6 cellspacing=4 cellpadding=5 bgcolor=cyan>
<tr align=center>
<td></td>
<td>I<br>9:15～10:45</td>
<td>II<br>10:55～12:25</td>
<td>III<br>13:15～14:45</td>
<td>IV<br>14:55～16:25</td>
<td>V<br>16:35～18:05</td>
</tr>
</table>

</body>
</html>
```

2) データを上書き保存し、Chrome で**[最新の情報に更新]** をクリック。

▶ 時間割の web ページに時間帯が現れます。

(5) 以下の手順に従って、月曜日の時間割を追加します。

1) メモ帳に戻って、下から 5 行目の「</tr>」と「</table>」の間に、次のデータを追加します。

```
:
<td>V<br>16:35～18:05</td>
</tr>

<tr align=center>
<td>Mon.</td>
<td></td>
<td>コンピュータ入門<br>7 号館 A 教室</td>
</tr>

</table>

:
```

2) データを上書き保存し、Chrome で**[最新の情報に更新]** をクリック。

▶ 時間帯の下に、月曜日の時間割が現れます。

(6) 以下の手順に従って、この時間割 web ページをあなたの時間割に変更します。

1) メモ帳に戻って、下から 5 行目の「</tr>」と「</table>」の間に、火曜日以降のデータを追加します。

2) 日時を現在に、年度および学期を対象の期間に、そして「by ????.」の「????」をあなたの氏名に、それぞれ変更します。

3) 時間割のデータを、あなたの時間割に変更します。

▶ 「<td>」と「</td>」の間のデータを削除したり、文字を挿入すると、表が様々に変化します。いろいろと試してみて下さい。

▶ 修正が終わるたびに、データの上書き保存、Chrome の更新を繰り返します。

(7) メモ帳と Chrome を、それぞれ終了します。

volume 2　Text of Word

chapter 3　Word の基本は、ポストカードで覚える

1. 始め方と終わり方 ・・・・・・・・・・・・・・・・・・・20
2. 文書の保存と開く ・・・・・・・・・・・・・・・・・・・23
3. ページ設定と印刷プレビューと印刷 ・・・・・・・・・・26
4. ページ罫線と図形とテキスト ボックス ・・・・・・・・・30

chapter 4　文字情報の扱い方は、ビジネス文書で覚える

1. ビジネス文書の形式とフォントと段落 ・・・・・・・・・42
2. 表は、シンプルに、スピーディに作る ・・・・・・・・・48

chapter 3

Word の基本は、ポストカードで覚える

Microsoft 社の Word は、世界中で広く使われているワープロソフトです。ワープロソフトとは、文書の作成や編集、印刷、ファイリングなどを行うプログラムのことで、最もポピュラーなパソコン用アプリケーションソフトです。
ここでは、印刷やレイアウト、図形や写真を活用するテクニックを紹介します。

1. 始め方と終わり方

1.1 始め方

(1) **[スタート]**ボタンをクリック。

(2) **[すべてのアプリ ›]**をクリック。

(3) **[Word]**をクリック。

(4) **[白紙の文書]**をクリック。

※ 次ページに示す「Word のウィンドウ」が現れます。

1.2 終わり方

(1) ウィンドウ右上の[×]をクリック。

※ 終了時に、開いている文書について、保存するか問われたら、適宜判断します。

Word のウィンドウ

Word のウィンドウは、たくさんのパーツによって構成されています。文書を作成し編集する原稿用紙は、ウィンドウの中央に広がります。

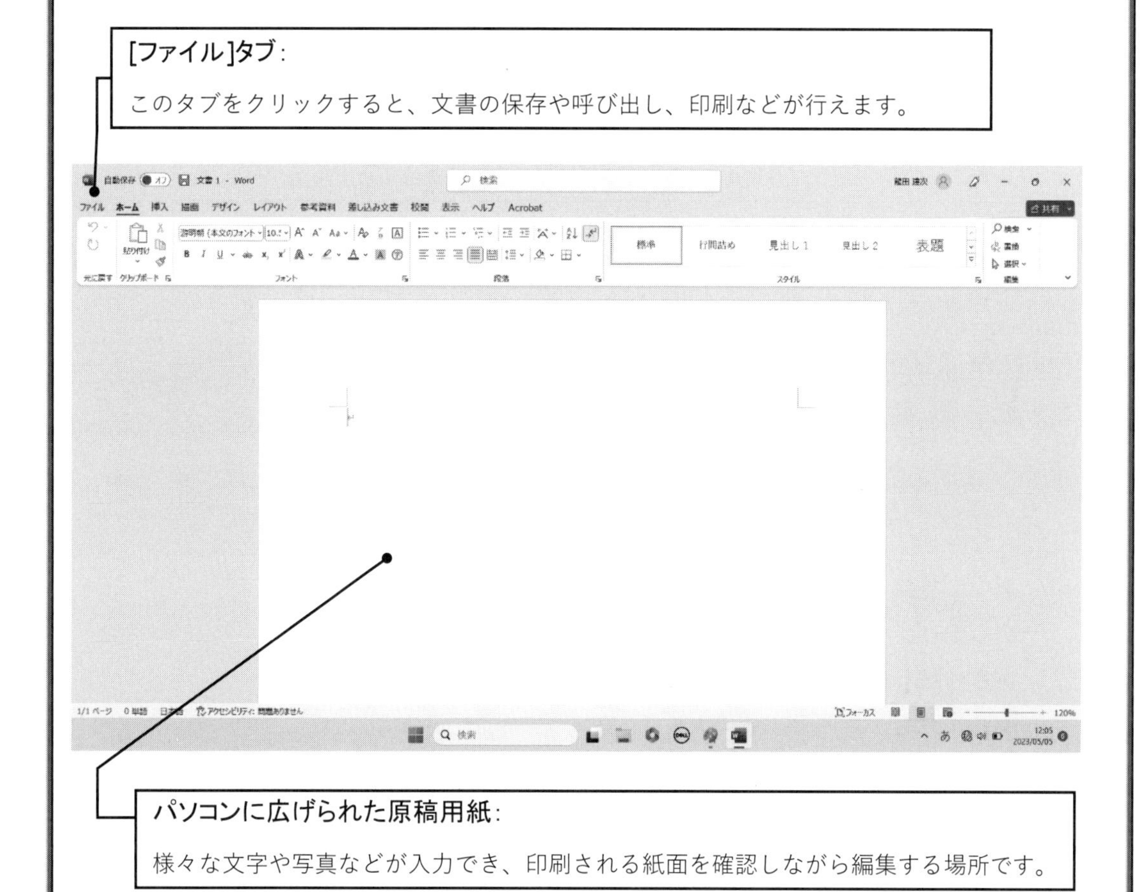

間違えたら、[元に戻す]

Word には、行った作業を取り消す機能が付いています。何事も最初は戸惑うもの。何か操作して、思い通りの結果が得られなかったら、即、画面左上の**[元に戻す]**をクリックします。
もし、戻しすぎたら、その下の**[やり直し]**をクリックします。

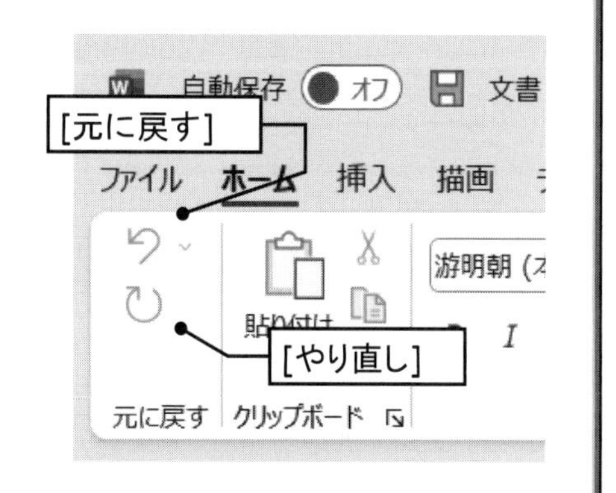

演習 3　ポストカード (その 1)

それでは、実際に、Word を使ってみることにします。

(1) **[スタート]**ボタン→**[すべてのアプリ >]**→**[Word]**→**[白紙の文書]**を選択して、Word を起動します。

(2) 次の文書を入力します。入力方法は、メモ帳とまったく一緒です。

▶ 入力間違えは、「4. データの修正方法（p. 12～）」を参考にして修正します。

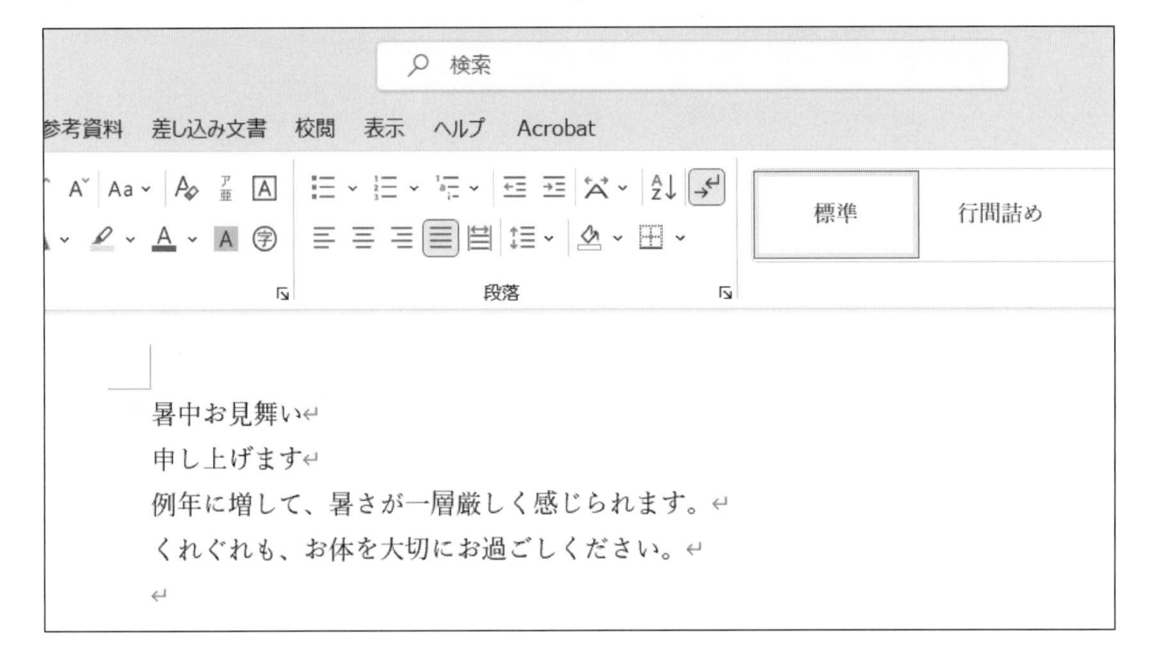

(3) 作成した文書に、ファイル名「**暑中お見舞い**」を付けて保存します。

▶ 次ページの「2.1 文書を保存する」が、参考になります。

(4) Word を終了します。

困ったら、[キャンセル]か[Esc]

[キャンセル]と**[Esc]**には、途中の操作を取り消す機能があります。何か間違えたり、操作方法が分からなくなってしまったら、まずは、**[キャンセル]**か**[Esc]**を押しましょう。

2. 文書の保存と開く

作成した文書を、ファイルとして保存する方法と、改めて呼び出す(開く)方法を紹介します。

2.1 文書を保存する

(1) **[ファイル]**タブ→**[名前を付けて保存]**→**[参照]**。

(2) 文書を保存するフォルダーを指定します。

(3) 「**ファイル名(N):**」を入力します。

(4) **[保存(S)]**をクリック。

ファイル名には、意味のある名前を

ファイル名は、数多く保存されている文書の中から、目的のものを特定するための大切な識別子（名前）です。ある程度意味のある名前を付けるようにします。

2.2 文書を開く

(1) Word を起動して、**[開く]→[参照]**。

(2) 文書が保存されているフォルダーを指定します。

(3) 目的の文書のファイル名をクリック。

※ 目的の文書のファイル名に色が付き、その名前が「**ファイル名(N):**」に入ります。

(4) **[開く(O)]**をクリック。

既にファイル名が付いている場合は、[上書き保存]で OK

ファイル名が付いている文書を開き、修正して、改めて保存し直す場合は、**[ファイル]**タブ→**[上書き保存]**で OK です。修正前の文書を残す必要がある場合は、**[ファイル]**タブ→**[名前を付けて保存]**→**[参照]**を選び、別のファイル名を付けます。

演習 4　ポストカード (その 2: ページ設定)

サイズや横置きか縦置きかなど、ポストカードのページ設定を行います。

---

(1) Word を起動して、「暑中お見舞い」を開きます。

▶ 前ページの「2.2 文書を開く」が、参考になります。

(2) 以下の手順に従って、「暑中お見舞い」のページ設定を行います。

▶ 次ページの「3.1 ページ設定」が、参考になります。

1) **[レイアウト]**タブ→**[ページ設定]**→**[用紙]**。
2) 「**用紙サイズ(R):**」を「**A5**」にします。
3) **[余白]**をクリック。
4) 「**上(T):**」、「**下(B):**」、「**左(L):**」、「**右(R):**」をそれぞれ「**25mm**」に、また、「**印刷の向き**」を「**横(S)**」にします。
5) **[文字数と行数]**をクリック。
6) **[フォントの設定(F)...]**をクリックして、「**日本語用のフォント(T):**」を「**MS P 明朝**」、「**英数字用のフォント(F):**」を「**Times New Roman**」、「**サイズ(S):**」を「**14**」にそれぞれ設定し、**[OK]**をクリック。

▶ 「1.2 フォント (p. 44)」が、参考になります。

7) 「**文字数と行数の指定**」で、「**標準の文字数を使う(N)**」を選びます。
8) **[OK]**をクリック。

(3) **[ファイル]**タブ→**[印刷]**。印刷結果を確認します。

▶ 「3.2 印刷プレビュー (p. 28)」が、参考になります。

▶ 設定に間違いがあったら、改めてページ設定をやり直します。

(4) 改めて、この文書を上書き保存し、Word を終了します。

---

3. ページ設定と印刷プレビューと印刷

Word では、作成した文書を印刷する場合、次の「**ページ設定**」、「**印刷プレビュー**」、「**印刷**」を、適宜、繰り返します。

1　ページ設定	印刷する紙のサイズなど、1 ページの書式を設定します。
2　印刷プレビュー	作成した文書の印刷結果をウィンドウに表示します。
3　印刷	実際に、紙に印刷します。

3.1 ページ設定

紙のサイズや、端から文書までの余白など、印刷する 1 ページの書式を設定します。

(1)　**[レイアウト]**タブをクリック。

(2)　「**ページ設定**」欄の**右下のアイコン** をクリック。

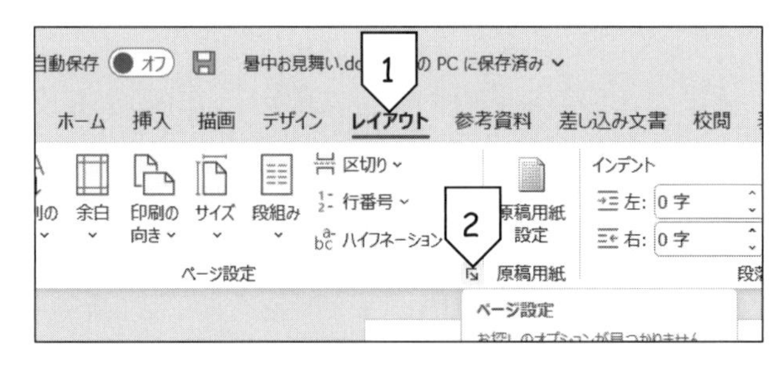

(3)　**[用紙]**をクリック。

(4)　「**用紙サイズ(R):**」を設定します。

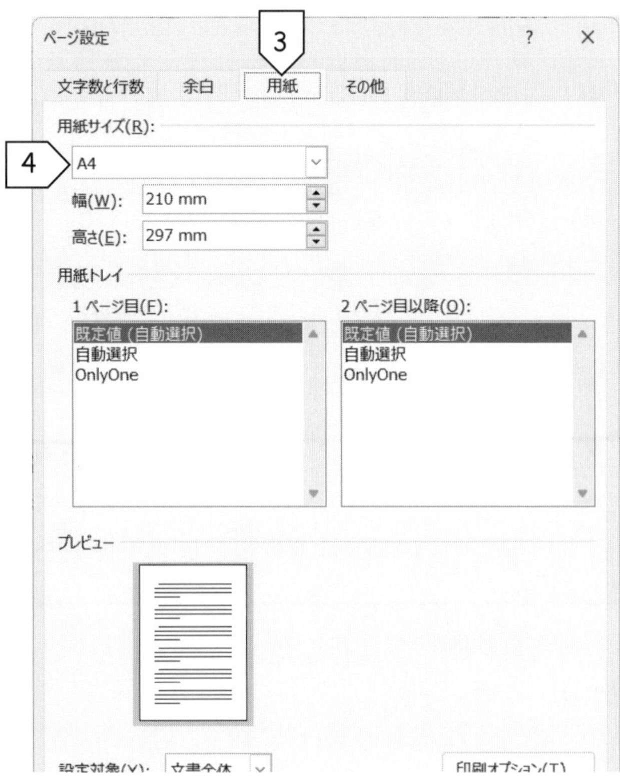

(5)　**[余白]**をクリック。

(6)　「**余白**」の「**上(T):**」、「**下(B):**」、「**左(L):**」、「**右(R):**」などを設定します。

(7)　「**印刷の向き**」を設定します。

※ 設定した内容は、ダイアログボックス内の「**プレビュー**」で確認できます。

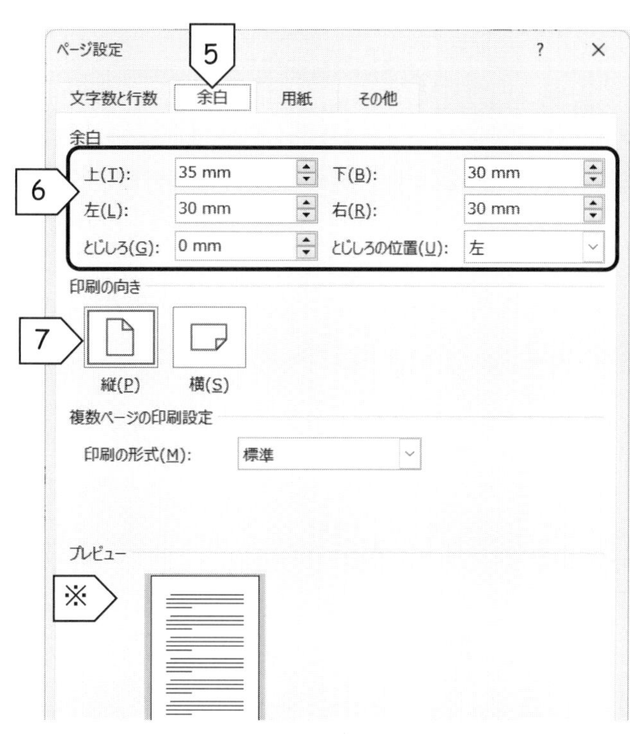

(8)　**[文字数と行数]**をクリック。

(9)　**[フォントの設定(F)...]**をクリックして、文書で使う標準のフォントやサイズを設定します。

▶　「1.2 フォント（p. 44）」が、参考になります。

(10)　「**文字数と行数の指定**」や「**文字数**」、「**行数**」を設定します。

(11)　最後に、**[OK]**をクリック。

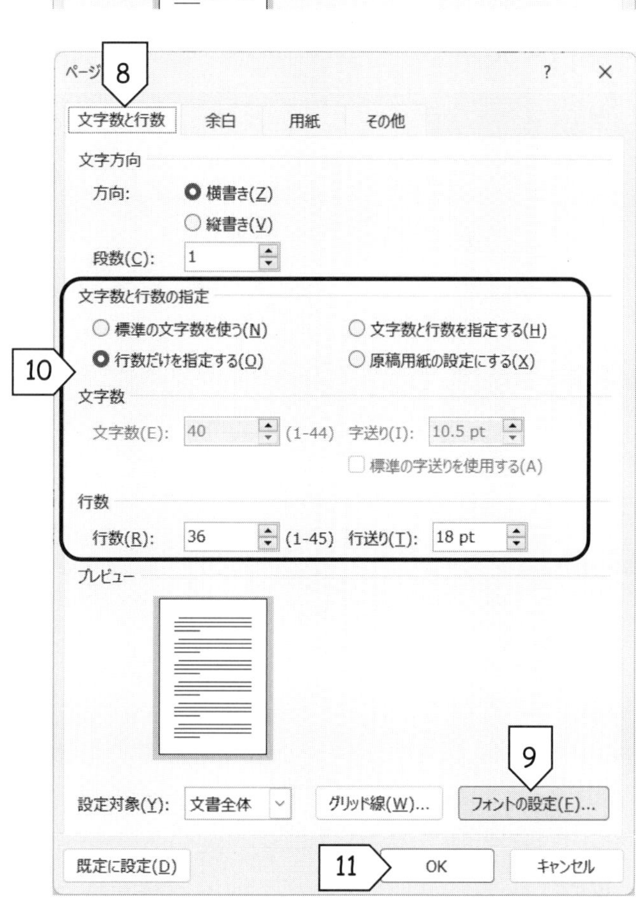

3.2 印刷プレビュー

実際に紙に印刷する前に、文書の印刷結果をウィンドウに表示して、全体のイメージを確認します。

(1)　[ファイル]タブをクリック。

(2)　[印刷]をクリック。

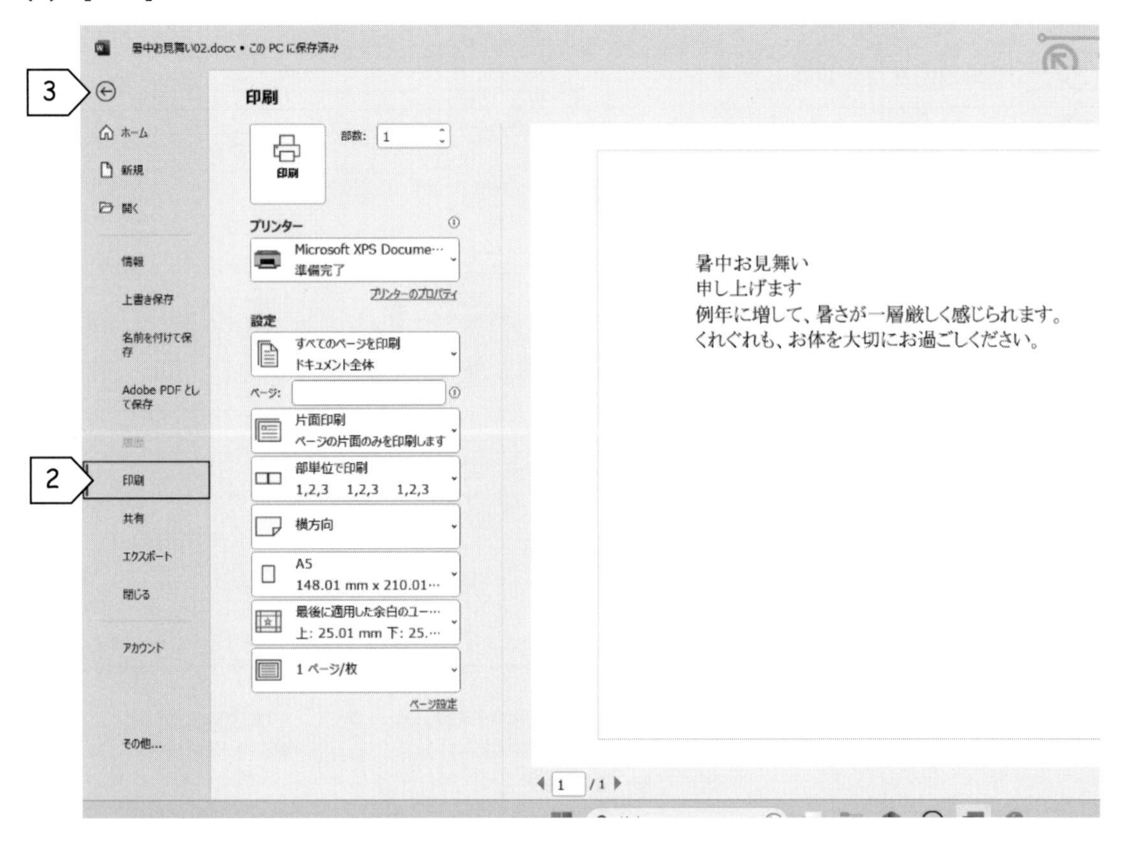

(3)　印刷イメージの確認が終わったら、「←」をクリック。

3.3 印刷

印刷プレビューが終わったら、いよいよ実際に印刷です。

(1) [ファイル]タブ→[印刷]。

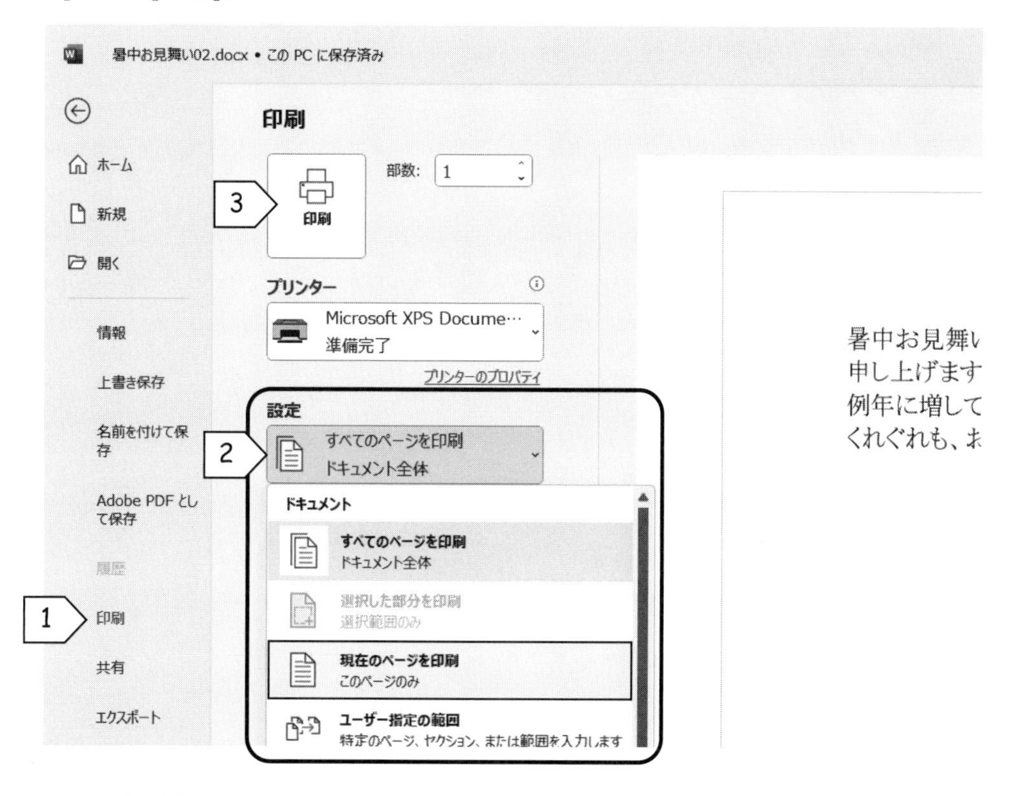

(2) 「**設定**」で、印刷範囲を設定します。

(3) [印刷]ボタンをクリック。印刷が始まります。

印刷する直前に、必ず印刷プレビューを

紙を作るには、森林の伐採をはじめ、精製に必要なエネルギーなど、様々な資源がつぎ込まれています。紙は大切な資源で、一枚たりとも無駄にすることは許されません。しかし、人は思わぬ間違いを犯しているもので、時には考えていたものと大きく違う紙面がプリンターから出てきてしまうことがあります。
印刷する直前には、必ず印刷プレビューをして、紙の上でのイメージを確認してから印刷するようにします。

4. ページ罫線と図形とテキスト ボックス

Word には、文書を飾る数々の機能が用意されています。このような機能を使えば、もらって楽しくなるようなクリスマスカードや、また会いたくなるような招待状も作れます。
ここでは、ハートや星印などをちりばめた簡単なポストカードを作ります。

4.1 ページ罫線

Word では、ページ全体や表、段落、文字などを、罫線や絵柄で縁取れます。

(1) **[デザイン]**タブをクリック。

(2) **[ページ罫線]**をクリック。

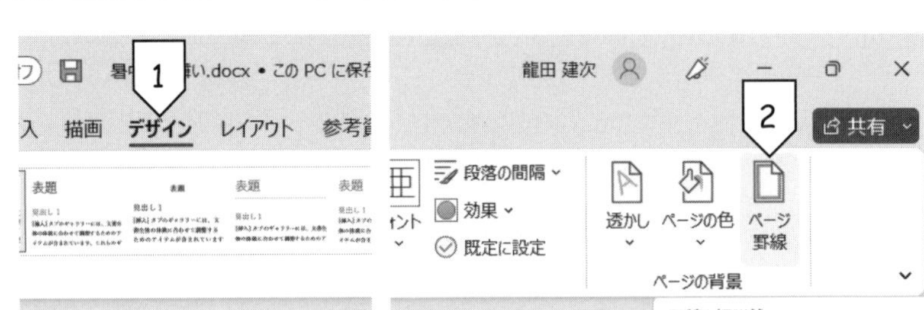

(3) 「**種類(Y):**」や「**線の太さ(W):**」、「**絵柄(R):**」を設定します。

> ※ 設定した内容は、ダイアログボックス内の「**プレビュー**」で確認できます。

(4) **[OK]**をクリック。

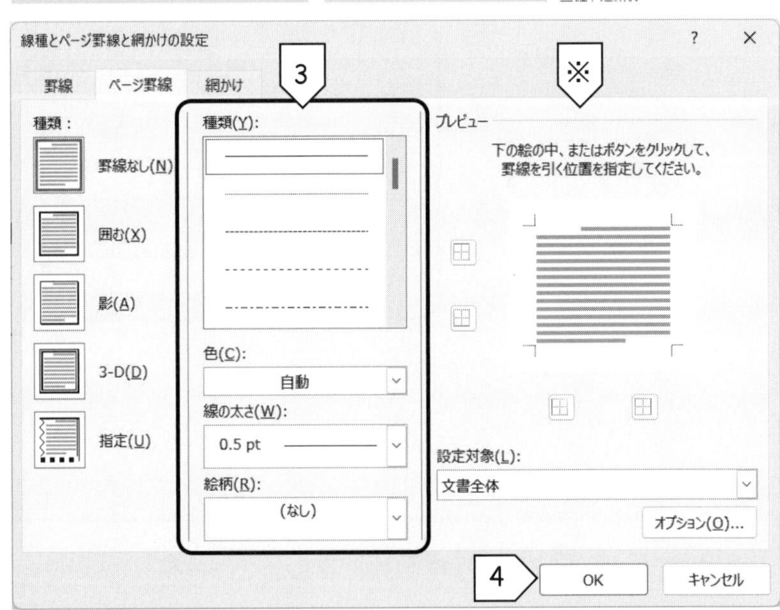

> ※ 「**プレビュー**」を活用すれば、上下にのみ罫線を引くことも可能です。
>
> ※ 用紙の端からページ罫線までの余白を設定する場合は、**[オプション(O)...]**をクリック。

演習 5　ポストカード (その 3: ページ罫線)

「暑中お見舞い」に、ページ罫線を設定します。

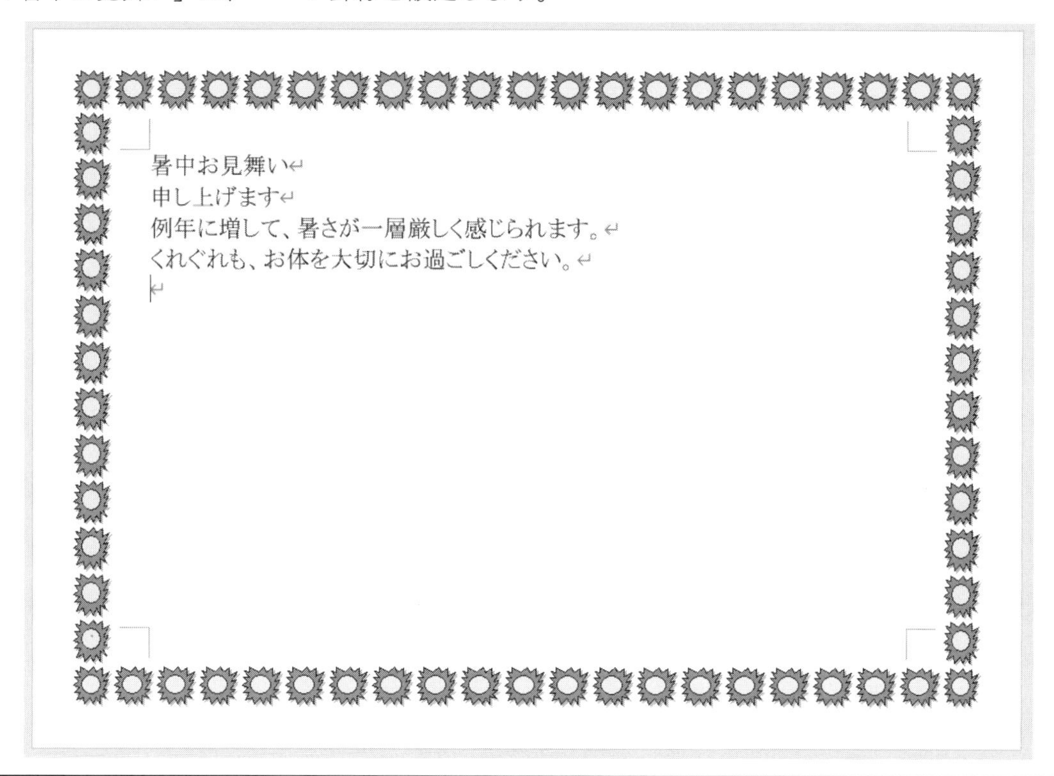

(1) Word を起動して、「暑中お見舞い」を開きます。

(2) 以下の手順に従って、ページ罫線を付けます。

▶ 前ページの「4.1 ページ罫線」が、参考になります。

1) **[デザイン]**タブ→**[ページ罫線]**。

2) 「**絵柄(R):**」のボックスをクリック。

3) カードのイメージに合う絵柄をクリック。

4) 「**線の太さ(W):**」を「**25 pt**」にします。

5) **[OK]**をクリック。

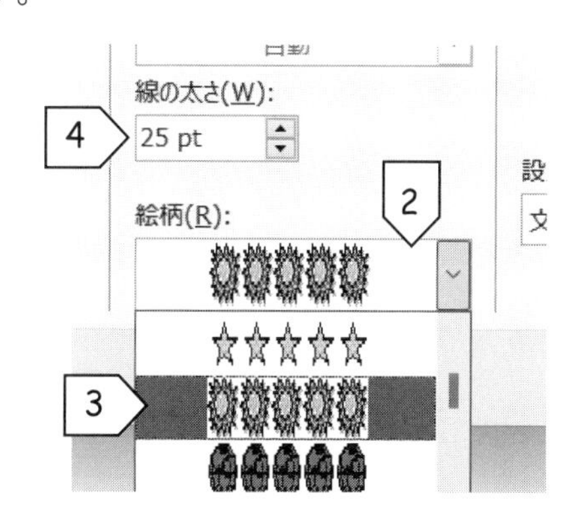

(3) 改めて、この文書を上書き保存し、Word を終了します。

4.2 図形

Word には、ハートや星印など、簡単な図形が用意されています。図形は、色はもちろん、影も付けられます。

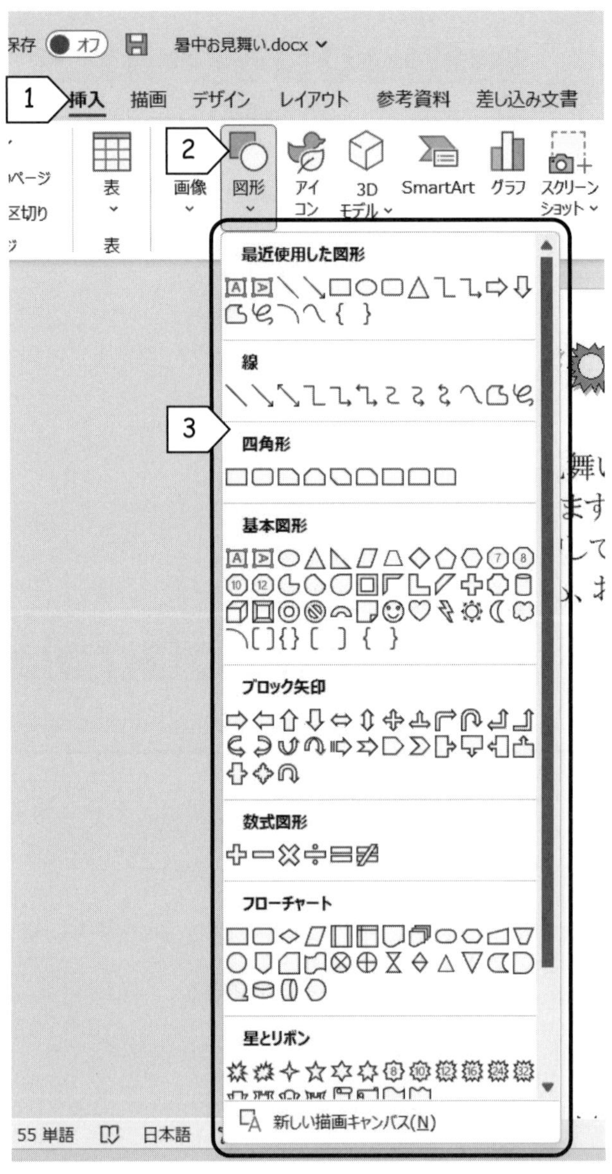

(1) **[挿入]**タブをクリック。

(2) **[図形]**をクリック。

> ※ Word が用意している図形の一覧が現れます。

(3) 一覧の中から、図形を選んでクリック。

> ※ マウス ポインタの形が、＋ に変わります。
>
> ※ 文字だけを自由に配置したかったら、テキスト ボックス A か ▷ を選びます。

(4) 挿入したい位置をクリック。

> ※ 挿入直後の図形には、● や ◻ などの小さな**ハンドル**が付きます。

(5) 位置や大きさを調整します。

> ※ 移動させるには、
> **図形をドラッグ&ドロップ。**
>
> ※ 大きさや形を変更するには、
> **ハンドルをドラッグ&ドロップ。**

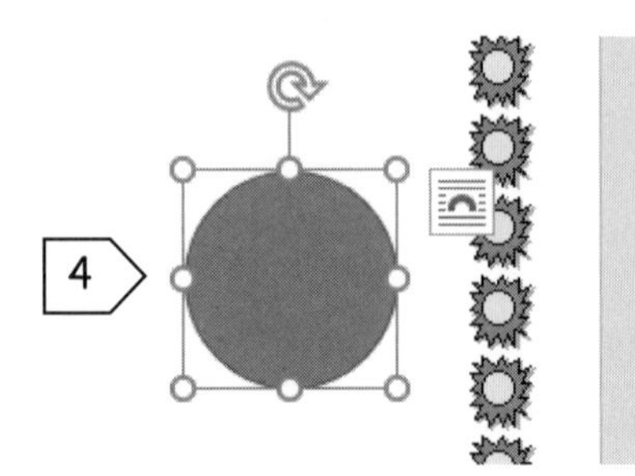

4.3 図形の色

図形の色は、自由に設定できます。

(1)　図形を**右クリック**。

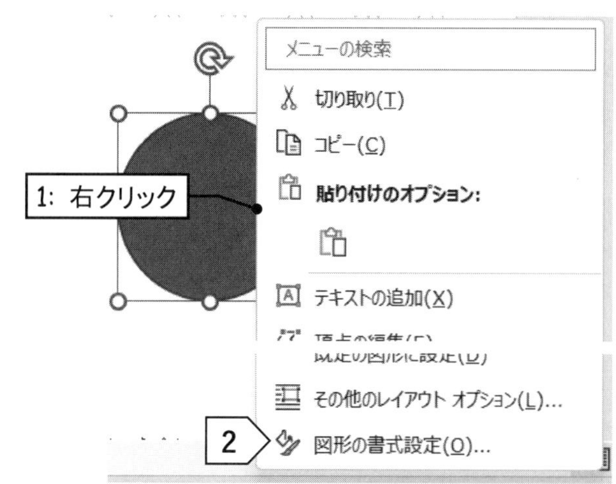

(2)　**[図形の書式設定(O)...]**をクリック。

(3)　**[塗りつぶしと線]**をクリック。

(4)　「**塗りつぶし**」をクリック。

(5)　「**塗りつぶし**」を設定します。

> ※「塗りつぶし」の「色」なども、適宜、設定します。

(6)　[×]をクリック。

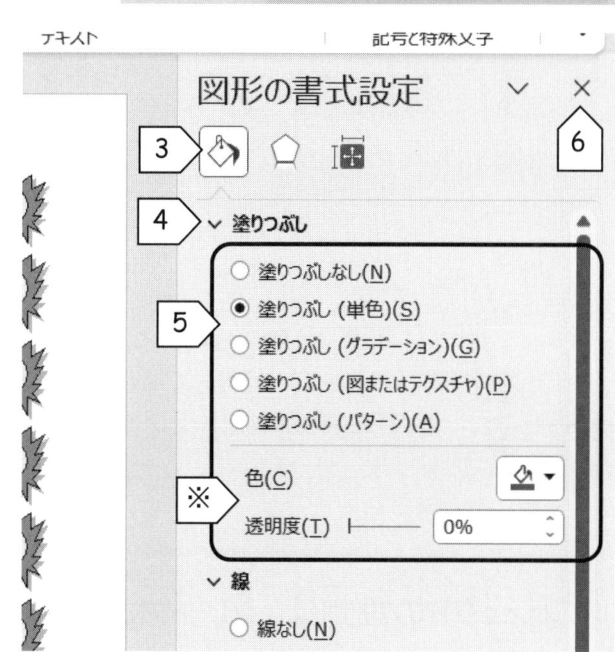

図形やイラストを消すには、右クリック→[切り取り]

挿入した図形や写真は、**右クリック→[切り取り(T)]**で、いつでも消すことができます。いやになったら、消せば良いです。いろいろと挑戦しましょう。テキストボックスを消す場合は、**ハンドルを右クリック**が確実です。

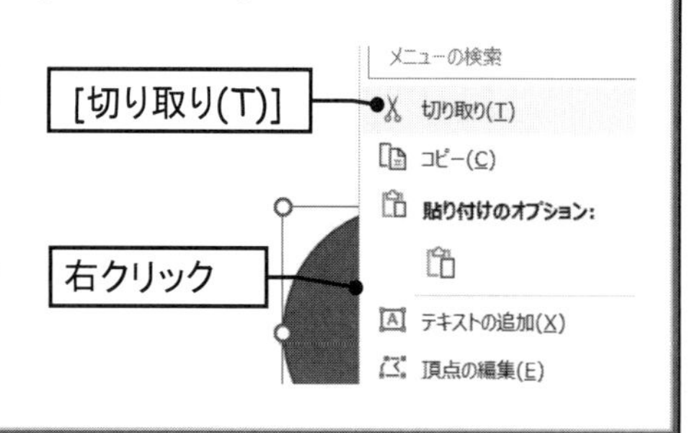

4.4 図形の枠線

枠線も設定できます。

(1) **図形**を**右クリック→[図形の書式設定(O)...]**。

(2) **[塗りつぶしと線]**をクリック。

(3) 「**線**」をクリック。

(4) 「**線**」を設定します。

(5) [×]をクリック。

オブジェクトの設定は、クリックしてハンドルを付けてから

Word では、本文以外の図や写真などをオブジェクト（物）と呼んでいます。図形やテキスト ボックスもオブジェクトです。オブジェクトには、影を付けるなど、様々な書式が設定できます。

オブジェクトに何か設定をしようとする場合は、まずクリックしてハンドルを付け、「**図形の書式**」などを活用します。

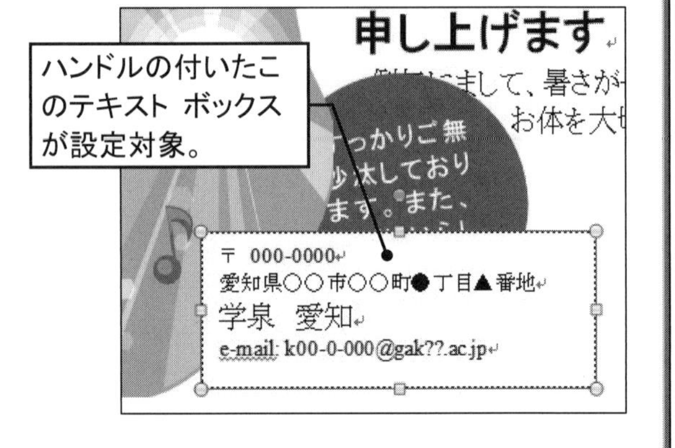

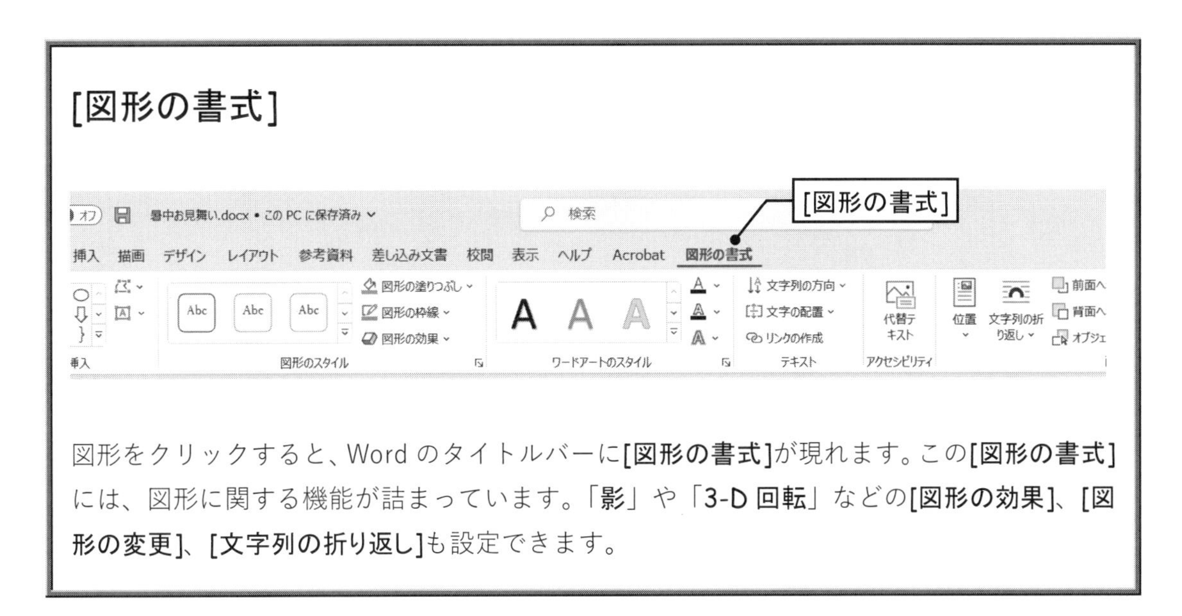

[図形の書式]

図形をクリックすると、Word のタイトルバーに**[図形の書式]**が現れます。この**[図形の書式]**には、図形に関する機能が詰まっています。「**影**」や「**3-D 回転**」などの**[図形の効果]**、**[図形の変更]**、**[文字列の折り返し]**も設定できます。

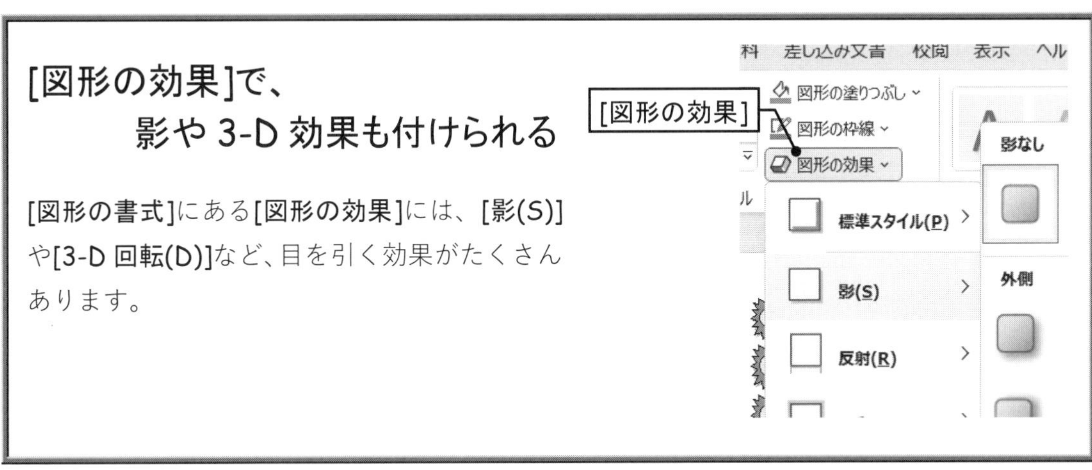

[図形の効果]で、影や 3-D 効果も付けられる

[図形の書式]にある**[図形の効果]**には、**[影(S)]**や**[3-D 回転(D)]**など、目を引く効果がたくさんあります。

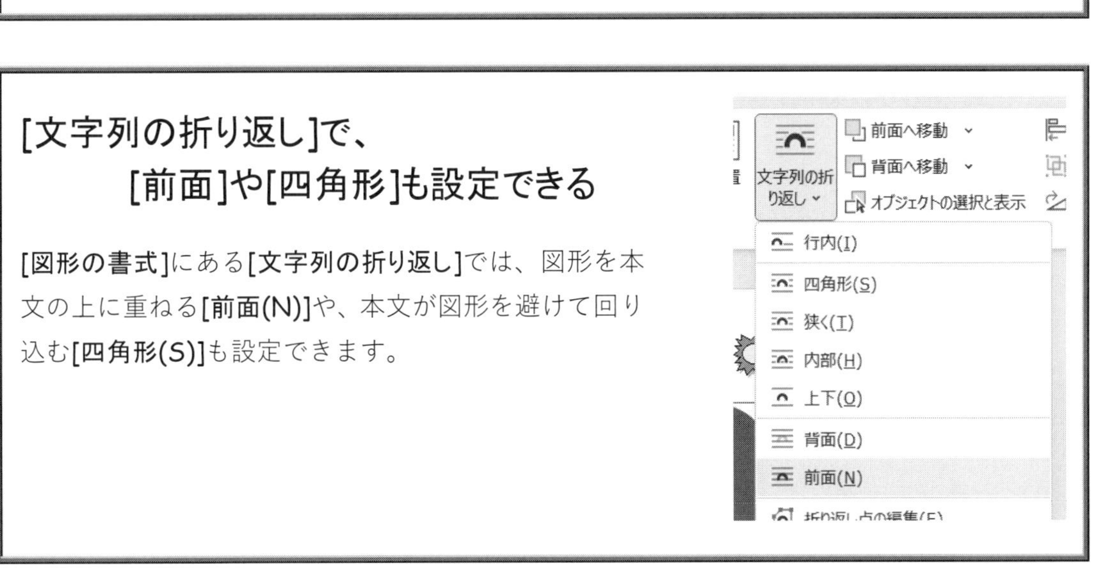

[文字列の折り返し]で、[前面]や[四角形]も設定できる

[図形の書式]にある**[文字列の折り返し]**では、図形を本文の上に重ねる**[前面(N)]**や、本文が図形を避けて回り込む**[四角形(S)]**も設定できます。

演習 6 ポストカード (その 4: 図形)

「暑中お見舞い」に、図形を挿入します。

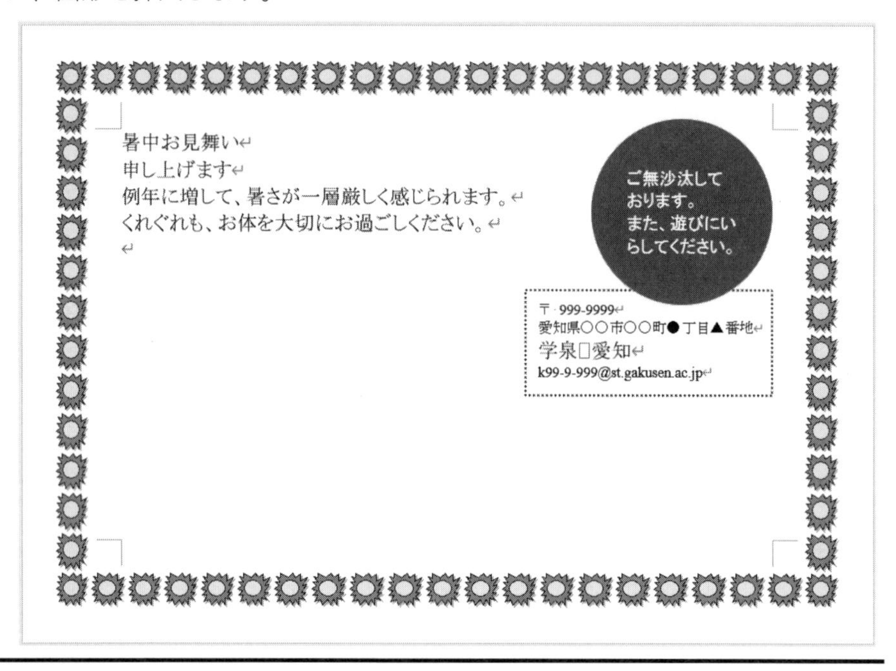

(1) Word を起動して、「暑中お見舞い」を開きます。

(2) 以下の手順に従って、図形（楕円）を挿入します。

▶ 「4.2 図形（p. 32）」や「4.3 図形の色（p. 33）」などが、参考になります。

1) **[挿入]**タブ→**[図形]**。

2) 「**楕円**」をクリック。

3) 挿入する位置をクリック。

4) **円**を**右クリック**→**[図形の書式設定(O)...]**。

5) [**塗りつぶしと線**]の「**塗りつぶし**」で、「**塗りつぶし(単色)(S)**」をクリックし、「**色(C):**」を「**赤**」にします。

6) 「**線**」で、「**線なし**」をクリック。

7) **[×]**をクリック。

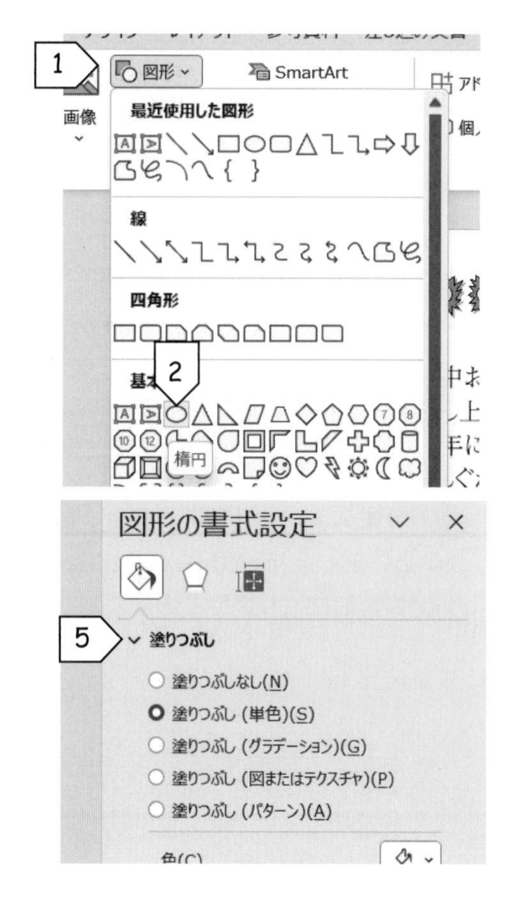

(3) 以下の手順に従って、発信者を示すテキスト ボックスを挿入します。

1) **[挿入]**タブ→**[図形]**→**「テキスト ボックス** **」**をクリック。

2) 挿入する位置をクリック。

3) 右のサンプルを参考にして文字を入力し、大きさを調節します。

4) テキスト ボックスのハンドルを**右クリック→[図形の書式設定(O)...]**→「塗りつぶしと線」→「線」。

5) 「**幅(W)**」を「**1.5pt**」にします。

6) 「**実線/点線(D)**」を「**点線（丸）**」にします。

7) **[×]**をクリック。

8) 発信者の郵便番号、住所、メールアドレスのフォントサイズを「**10**」にします。

▶ 「1.2 フォント（p. 44）」が、参考になります。

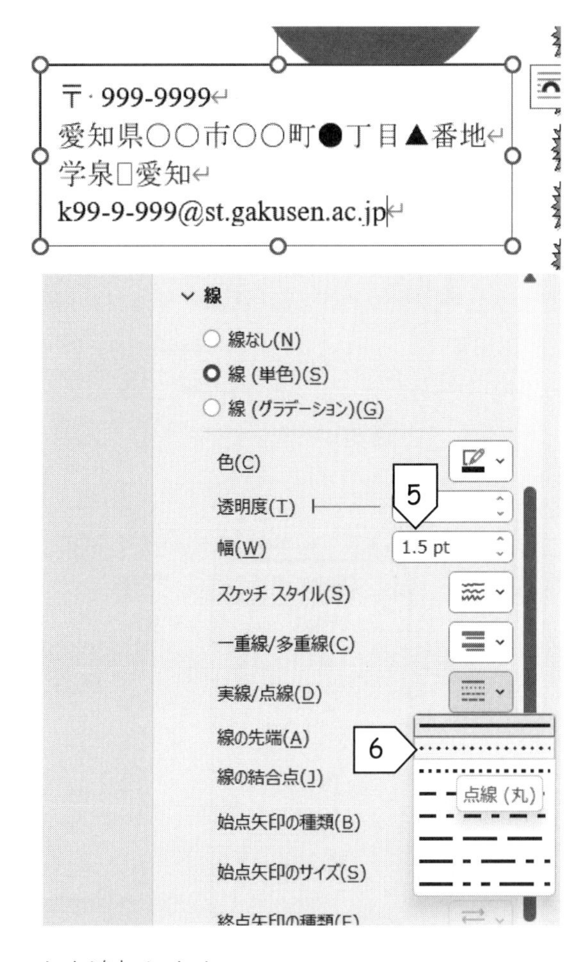

(4) 以下の手順に従って、図形（円）にテキストを追加します。

1) 円を**右クリック→[テキストの追加(X)]**。

2) 右のサンプルを参考にして文字を入力し、大きさを調節します。

3) 入力した文字のフォントサイズを「**12**」にします。

4) 円を**右クリック→[最前面へ移動(R)]**。

▶ 「右クリックで、図形にテキストの追加も（p. 39）」と、「右クリックで、オブジェクトの順序が変えられる（p. 39）」が、参考になります。

(5) 改めて、この文書を上書き保存し、Word を終了します。

4.5 画像

写真など、画像を挿入・活用する方法を紹介します。

(1) [挿入]タブをクリック。

(2) [画像]をクリック。

(3) [このデバイス...(D)]をクリック。

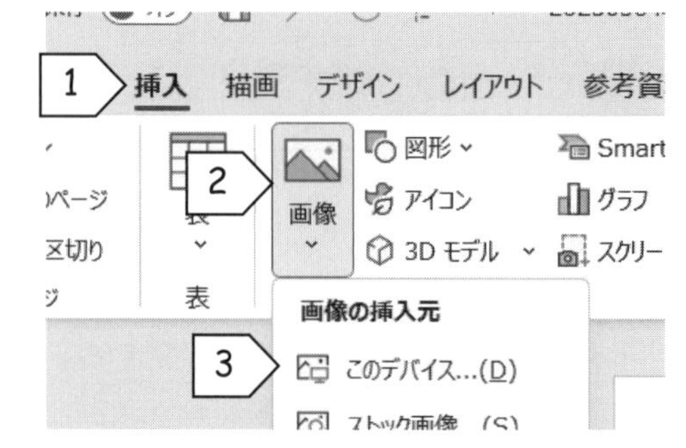

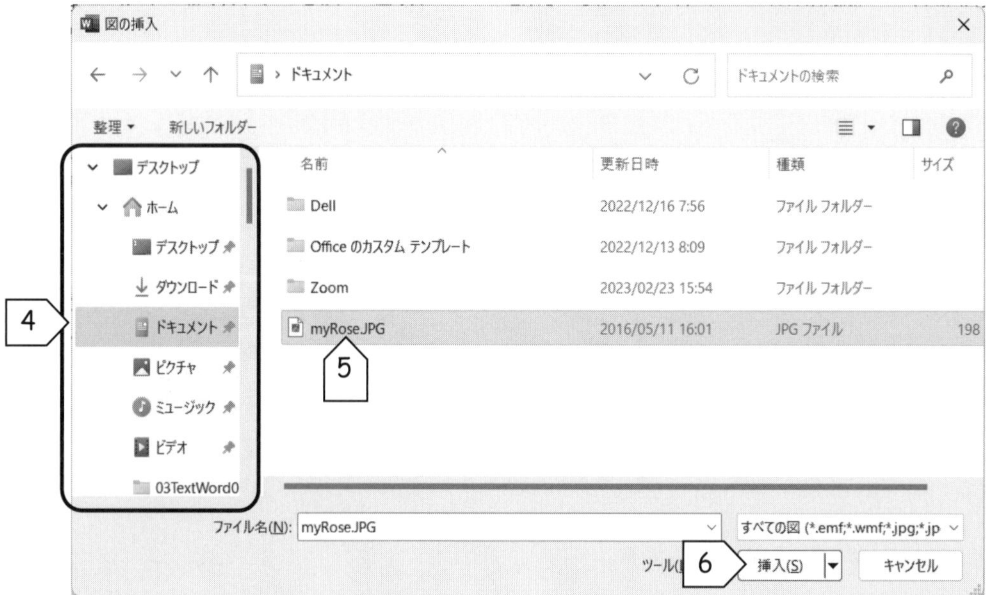

(4) 画像が保存されているフォルダーを指定します。

(5) 目的の画像をクリック。

(6) [挿入(S)]をクリック。

(7) 挿入した画像をクリック。

> ※ 画像の右肩に、レイアウト オプションのアイコンが現われます。

(8) 画像の[レイアウト オプション]をクリック。

(9) [前面]をクリック。

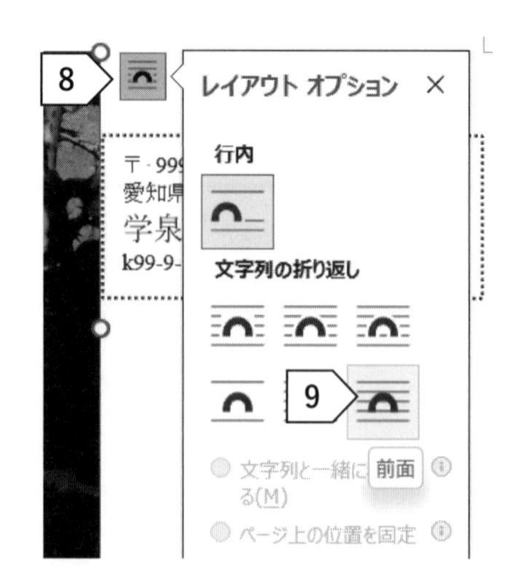

右クリックで、図形にテキストの追加も

図形を右クリックすると現れるメニューには、**[テキストの追加(X)]**もあります。これを選べば、図形に文字が載せられます。

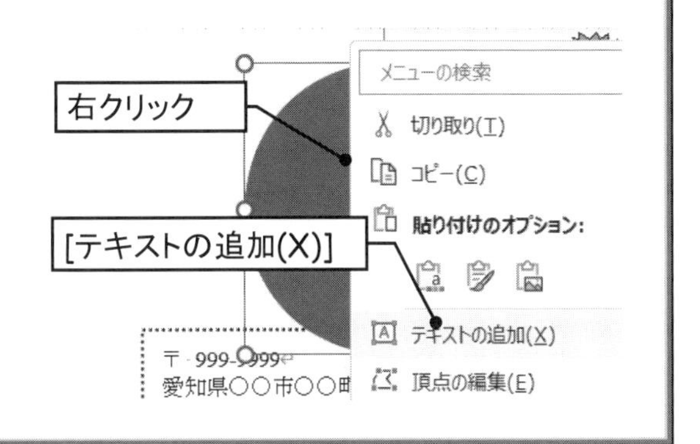

右クリックで、オブジェクトの順序が変えられる

図形にも順番があります。図形は、その順番で描かれますから、他の図形の後ろに隠れてしまうこともあります。
図を描く順番は、右クリックのメニューにある**[最前面へ移動(R)]**と**[最背面へ移動(K)]**で変えられます。
前面に出したい図形は、**右クリック→[最前面へ移動(R)]**。

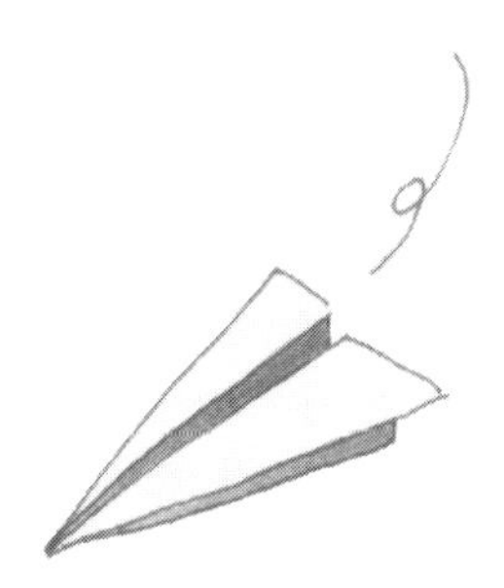

演習 7　ポストカード (その 5: レイアウトとオリジナルの写真)

「暑中お見舞い」に、クリップ アートを挿入します。

---

(1)　Word を起動して、「暑中お見舞い」を開きます。

(2)　以下の手順に従って、演習 3 で入力した本文を、新しく追加するテキスト ボックスに載せて、カード上のどこへでも配置できるようにします。

1)　カードの右上にテキスト ボックスを挿入し、大きさを調整して、「暑中お見舞い申し上げます... お過ごしください。」を切り取って、このボックスに貼り付けます。

2)　「暑中お見舞い申し上げます」のフォントを、本文とは違うものに変更し、サイズを大きくします。

3)　テキストボックスのハンドルを**右クリック→[図形の書式設定(O)...]→[塗りつぶしと線]**。

4)　**「線」**で「**線なし**」をクリックして、**[×]**をクリック。

(3) 以下の手順に従って、オリジナルの写真を挿入します。

▶ 「4.5 画像（p. 38）」が、参考になります。

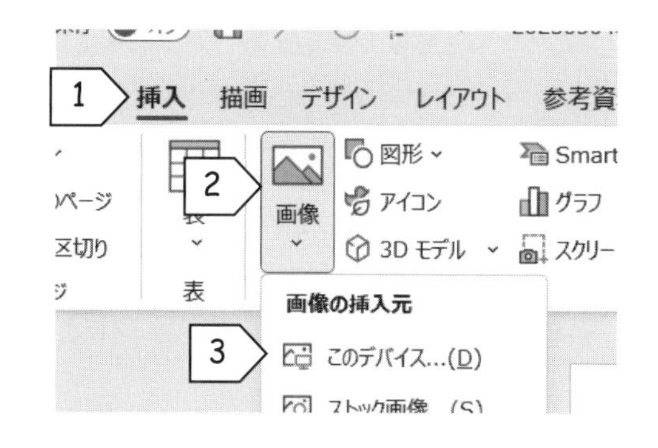

1) **[挿入]**タブをクリック。
2) **[画像]**をクリック。
3) **[このデバイス...(D)]**をクリック。
4) 写真が保存されているフォルダーを指定して写真をクリックし、**[挿入(S)]**をクリック。

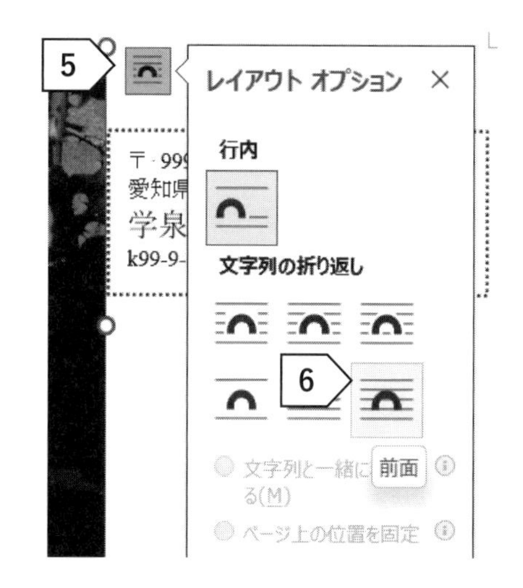

5) 挿入した写真をクリックして、**[レイアウト オプション]**をクリック。
6) **[前面]**をクリック。

(4) 改めて、全体のレイアウト、文字や図形の色とサイズなどを、見栄えが良くなるように工夫します。また、図形やオリジナルの写真も、適宜、追加・変更します。

(5) 改めて、この文書を上書き保存し、Word を終了します。

chapter 4

文字情報の扱い方は、ビジネス文書で覚える

Word では、タイトルを大きくしたり、用紙の中央に配置するなど、文字の書式を自由に設定できます。ここでは、ビジネス文書を通じて、フォントや段落、作表の手法を覚えます。

1. ビジネス文書の形式とフォントと段落

ビジネス文書とは、会議の案内や事業報告など、仕事の概要を人に示す文書のことです。このような文書には、当然、分かりやすく、簡単に理解してもらえるような工夫が必要です。
ここでは、一つひとつの文字にメリハリを付けるフォントと、段落の設定方法を紹介します。

1.1 ビジネス文書の形式（書式）

ビジネス文書は、「**前付け**」、「**本文**」、「**付記**」の 3 つのパートによって構成されます。

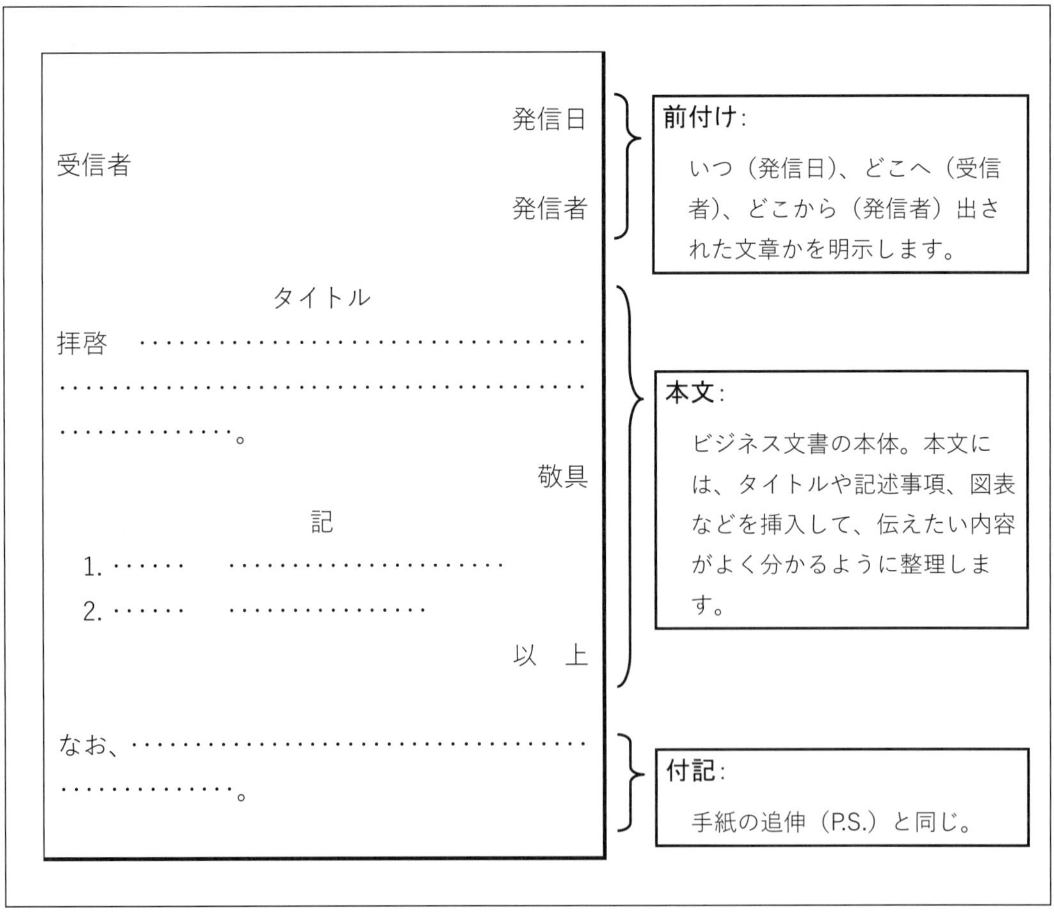

発信日
受信者
発信者

タイトル
拝啓 ………………………………
………………………………………
…………… 。
敬具
記
1. …… ……………………
2. …… ………………
以　上

なお、…………………………………
…………… 。

前付け：
いつ（発信日）、どこへ（受信者）、どこから（発信者）出された文章かを明示します。

本文：
ビジネス文書の本体。本文には、タイトルや記述事項、図表などを挿入して、伝えたい内容がよく分かるように整理します。

付記：
手紙の追伸（P.S.）と同じ。

演習 8　ビジネス文書に挑戦 (その 1: 文書の入力とページ設定)

まずは、文書を入力し、ページ設定を行います。

---

(1) Word を起動して、次の文書を入力します。入力に際しては、下の指示に従います。

1) 記述事項の番号「1.」、「2.」、「3.」は、**[Tab]**を使って左端からの横位置を揃え、本文よりも右側に配置します。「提出期限」「提出書類」「提出先」の入力の後も**[Tab]**を押して、その後の文字列の先頭も揃えます。

業務 20xx0801 号↵
令和●年 8 月 3 日↵
業務部· 営業課長· 各位↵
業務部長↵
↵
消費・販売に関する調査の依頼↵
□業務部では、令和●年度下半期販売計画を策定するために、各支店担当区域内における消費および販売に関する資料を必要としております。↵
□つきましては、下記の通り、調査資料を提出くださいますようお願いいたします。↵
記↵
1.→提出期限　→　令和●年 8 月 30 日↵
2.→提出書類　→　調査表 A↵
3.→提出先　→　第一業務課　→　山下↵
以上↵
↵

(2) 作成した文書に、ファイル名「**調査の依頼**」を付けて保存します。

(3) 以下の条件に従って、ページ設定を行います。

[用紙]→　用紙サイズ: **A4**
[余白]→　上: **40mm**、下: **40mm**、左: **35mm**、右: **30mm**、印刷の向き: **縦**
[文字数と行数]→
　[フォントの設定]→　日本語用のフォント: **MS P 明朝**、
　　英数字用のフォント: **Times New Roman**、サイズ: **12**
　文字数と行数の指定: **行数だけを指定する**、行数: **25**

(4) 改めて、この文書を上書き保存し、Word を終了します。

1.2 フォント

一つひとつの文字に下線を付けたり、フォントをゴシック体に変更する方法を紹介します。

(1) フォントを設定したい文字の**範囲を選択**します。

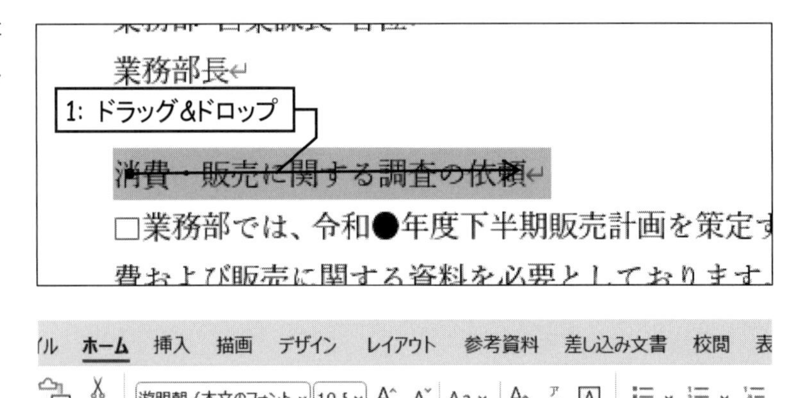

> ※ ここでは、この範囲の選択が最重要です。
>
> ※ 「範囲の選択は、ドラッグ&ドロップか[Shift]+カーソルキー（p. 13）」が、参考になります。

(2) **[ホーム]**タブの「**フォント**」欄の**右下のアイコン** をクリック。

(3) 「**日本語用のフォント(T):**」、「**英数字用のフォント(F):**」、「**スタイル(Y):**」、「**サイズ(S):**」を設定します。

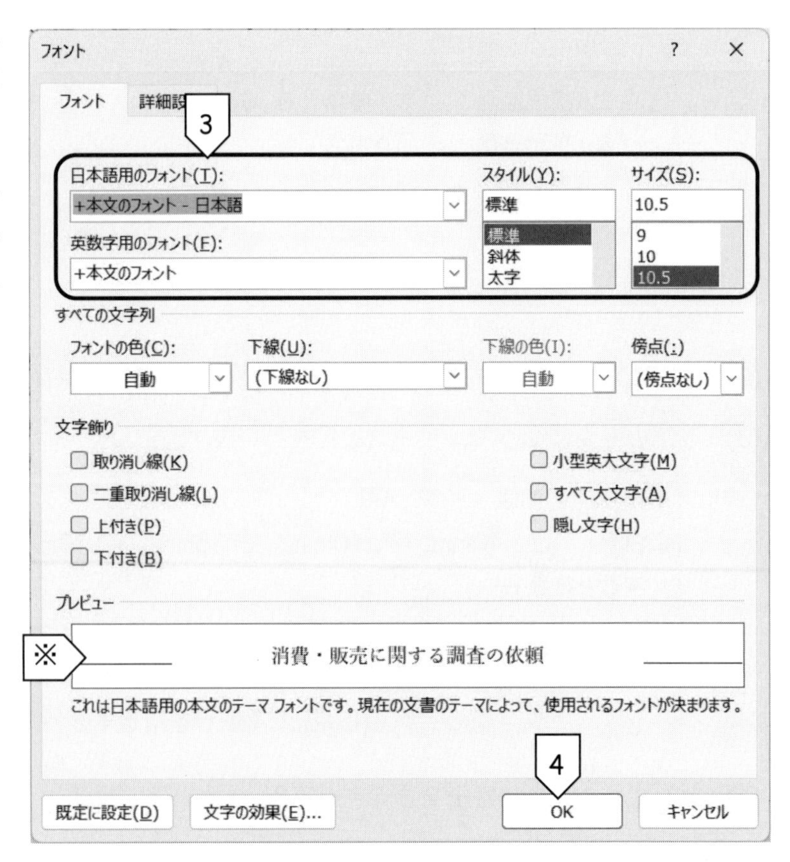

> ※ 適宜、「**すべての文字列**」や、「**文字飾り**」も設定します。
>
> ※ 設定した内容は、「**プレビュー**」で確認できます。

(4) **[OK]**をクリック。

1.3 段落

Word では、「↵」で区切られた段落ごとに、ページの中央に配置したり、右に揃えたり、様々な設定が行えます。

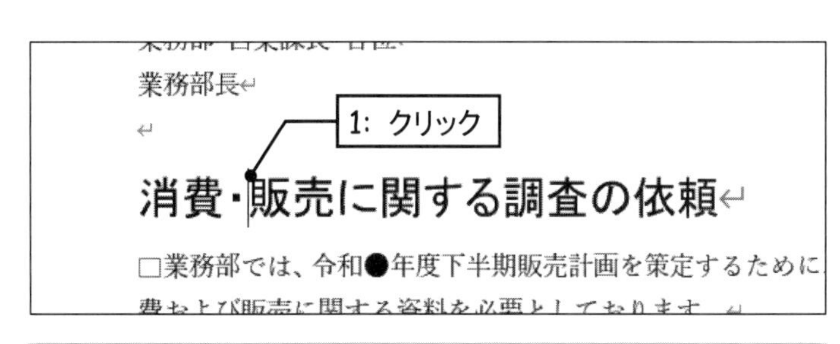

(1) 設定したい**段落**に**カーソル**を移動させます。

> ※ ここでは、このカーソルの移動が最重要です。
>
> ※ カーソルは、クリックか[↑][↓][←][→](カーソルキー) で動かせます。

(2) **[ホーム]**タブにある「**段落**」欄の**右下のアイコン** をクリック。

(3) 「**配置(G):**」を設定します。

> ※ 適宜、「**インデント**」、「**間隔**」も設定します。
>
> ※ 設定した内容は、「**プレビュー**」で確認できます。

(4) **[OK]**をクリック。

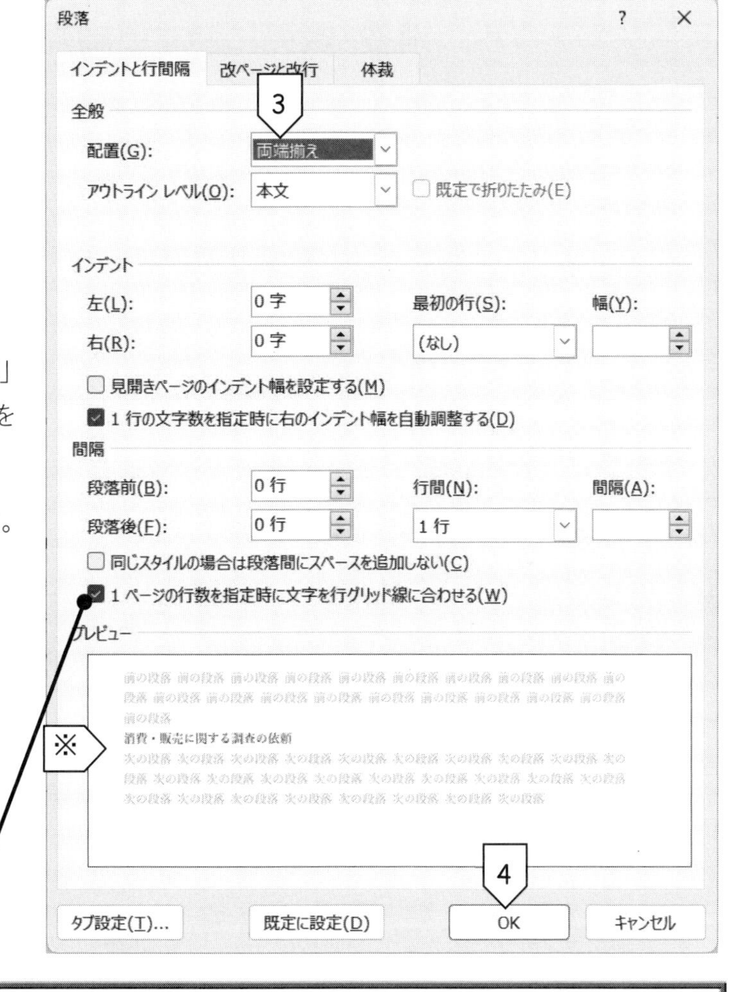

「行グリッド線に合わせる」の✓を外せば、行と行の間隔は自由自在

Word では、グリッド線という見えない線によって、文字や表、写真などの位置が整備されています。ただし、このグリッド線は、行と行の間隔を細かく設定することを許してくれません。行の間隔を自由に設定したい場合は、「**段落**」ダイアログボックスで「**1 ページの行数を指定時に文字を行グリッド線に合わせる(W)**」のチェックを外します。

演習 9 ビジネス文書に挑戦 (その 2: フォントと段落)

「調査の依頼」のタイトルや日付、提出期限などを、次のように目立たせます。

業務 20xx0801 号↵
令和●年 8 月 3 日↵

業務部·営業課長·各位↵

業務部長↵

↵

消費・販売に関する調査の依頼↵

□業務部では、令和●年度下半期販売計画を策定するために、各支店担当区域内における消費および販売に関する資料を必要としております。↵
□つきましては、下記の通り、調査資料を提出くださいますようお願いいたします。↵

記↵

1.→提出期限 → 令和●年 8 月 30 日↵
2.→提出書類 → 調査表 A↵
3.→提出先 → 第一業務課 → 山下↵

以上↵

↵

---

(1) Word を起動して、「調査の依頼」を開きます。

(2) 以下の手順に従って、タイトル「消費・販売に関する調査の依頼」のフォントを設定します。

▶ 「1.2 フォント (p. 44)」が、参考になります。

1) 「消費・販売に関する調査の依頼」をドラッグ&ドロップ。

2) [**ホーム**]タブにある「**フォント**」欄の**右下のアイコン** をクリック。

3) 「**日本語用のフォント(T):**」のボックスをクリック。

4) 「**MS Pゴシック**」をクリック。

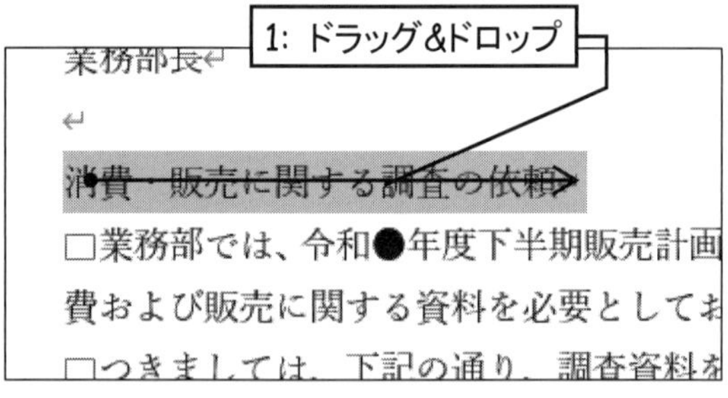

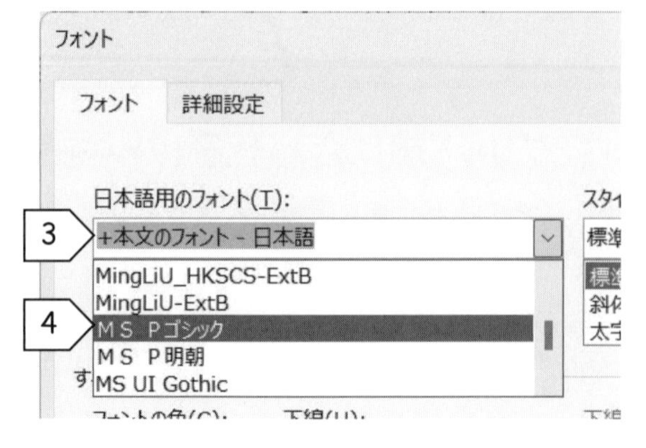

5)　「**サイズ(S):**」を「**18**」にします。

6)　[*OK*]をクリック。

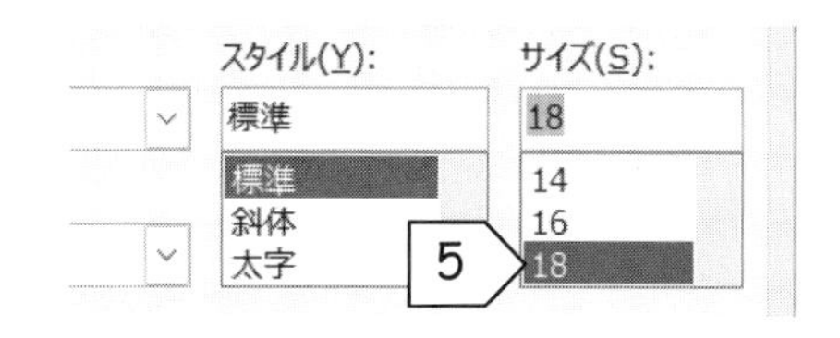

(3)　以下の手順に従って、「提出期限 令和●年 8 月 30 日」に下線を付けます。

1)　「提出期限　令和●年 8 月 30 日」をドラッグ&ドロップ。

2)　[**ホーム**]タブにある「**フォント**」欄の**右下のアイコン**　をクリック。

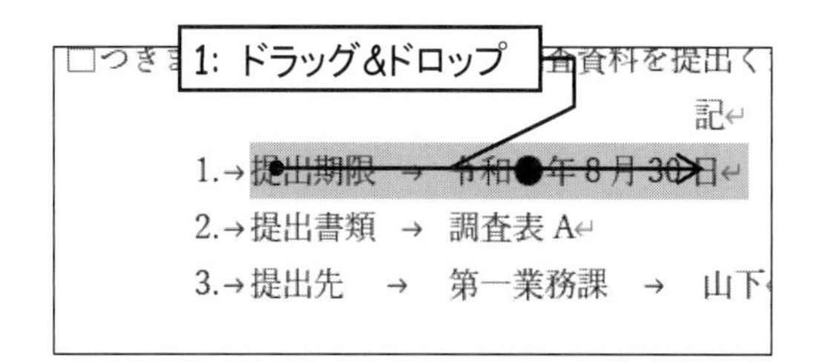

3)　「**下線(U):**」のボックスをクリック。

4)　「**二重線**」をクリック。

5)　[*OK*]をクリック。

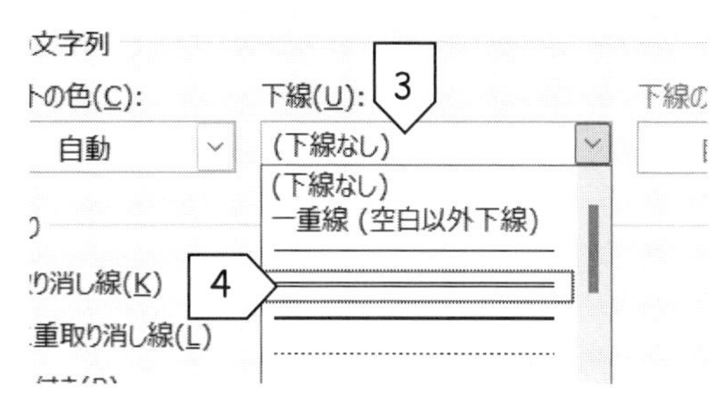

(4)　以下の手順に従って、タイトル「消費・販売に関する調査の依頼」を中央に配置します。

▶　「1.3 段落（p. 45）」が、参考になります。

1)　「消費・販売に関する調査の依頼」のどこかをクリック。

2)　[**ホーム**]にある「**段落**」欄の**右下のアイコン**　をクリック。

3)　「**配置(*G*):**」のボックスをクリック。

4)　「**中央揃え**」をクリック。

5)　[*OK*]をクリック。

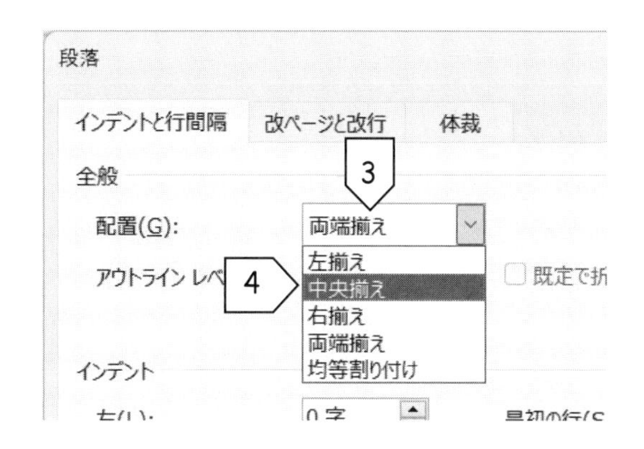

(5)　(4)と同様な方法で、文書中の「業務 20xx0801 号」、「令和●年 8 月 3 日」、「業務部長」を、それぞれ行の右端に配置します。

(6)　改めて、この文書を上書き保存し、Word を終了します。

2. 表は、シンプルに、スピーディに作る

内容によっては、表にまとめた方が分かりやすいことがたくさんあります。Word にも、表を作る機能が付いていて、次のような手順で表を作成するのが適当なようです。
なお、罫線で区切られたマス目のことをセル、横方向を行、縦方向を列と呼びます。

1　**基本形の挿入**	まず、行の数と列の数を決めて、表の基本形を挿入します。
2　**セルの結合と分割**	目的に合わせて、表組みを整理します。
3　**文字の入力**	ある程度、表の枠ができたら、表に文字を入力します。
4　**列幅の調節**	文字や表全体のバランスを見ながら、縦線のみを調節します。
5　**表の修正**	「**表ツール**」を使って、より分かりやすい表に修正します。

2.1　基本形の挿入

これから作成する表の内容と全体のバランスを考えて、行の数と列の数を決め、表の基本形を挿入します。

(1)　表を配置したい文書中の位置に、**カーソル**を移動します。

(2)　**[挿入]**タブをクリック。

(3)　**[表]**をクリック。

(4)　挿入する表の行数と列数に従って、適当なセルをクリック。

※ もっと多くの行数、列数を必要とする場合は、**[表の挿入(I)...]**をクリックします。行数・列数が直接指定できます。

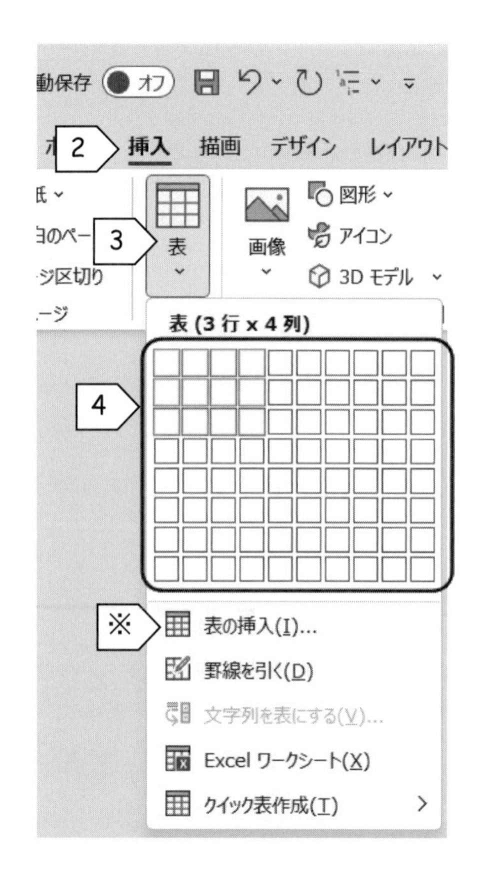

2.2 セルの結合

いくつかのセルを、1 つにくっ付けます。

(1) 結合するセルをドラッグ&ドロップして、

(2) **右クリック。**

(3) **[セルの結合(M)]**をクリック。

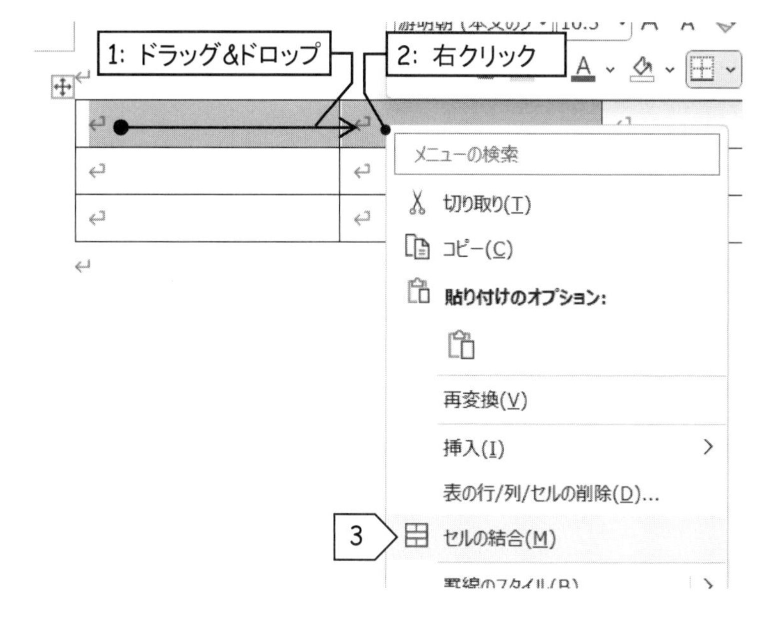

2.3 セルの分割

1 つのセルを、いくつかに分割します。

(1) 分割するセルを、**右クリック。**

(2) **[セルの分割(P)...]**をクリック。

(3) 「**列数(C):**」と「**行数(R):**」を設定します。

(4) **[OK]**をクリック。

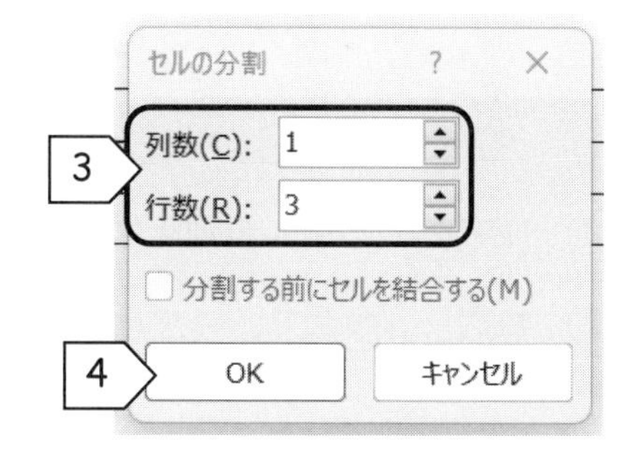

2.4 列幅の調節

入力した文字や表全体のバランスを見ながら、表の列の幅を調節します。

(1) 表の縦線をドラッグ&ドロップ。

> ※ [Shift]を押しながら縦線をドラッグ&ドロップすると、その線より右が連動します。
>
> ※ 横線は、触らないようにします。触らなければ、文字が増減しても、自動的に横線が上下しますが、一度触ると、ある程度意識して調節しなければならなくなり、面倒です。

2.5 行・列の挿入

表の行や列は、足りなくなったらいつでも自由に挿入できます。

(1) 行または列を挿入する表の部分を**右クリック**。

(2) [挿入(I)]をクリック。

(3) 目的に合わせて、いずれかをクリック。

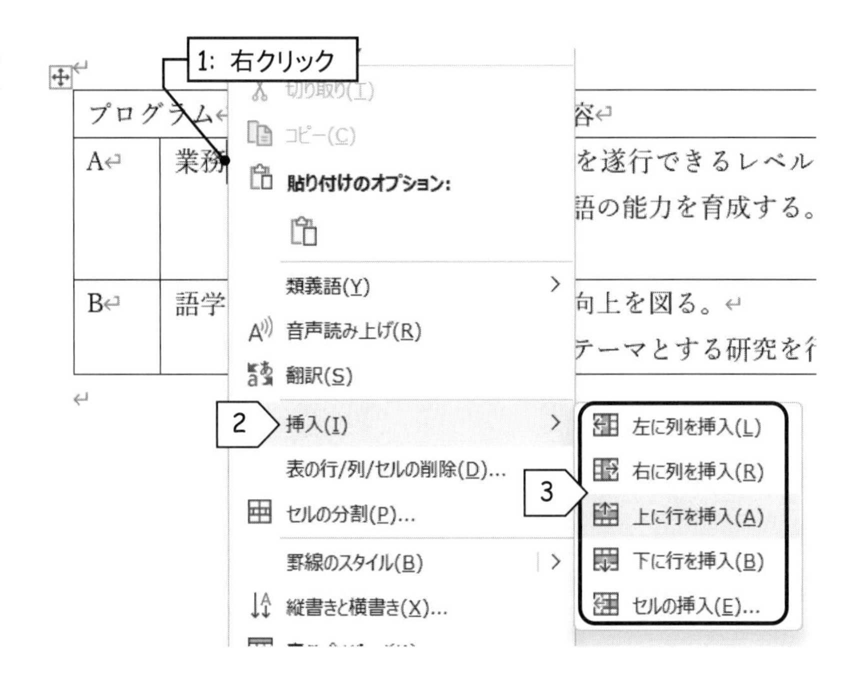

2.6 行・列の削除

不要な行や列は、削除できます。

(1) 行または列を削除する表の部分を**右クリック**。

(2) **[表の行/列/セルの削除(D)...]**をクリック。

(3) 目的に合わせて、いずれかに**チェック**を付けます。

(4) [OK]をクリック。

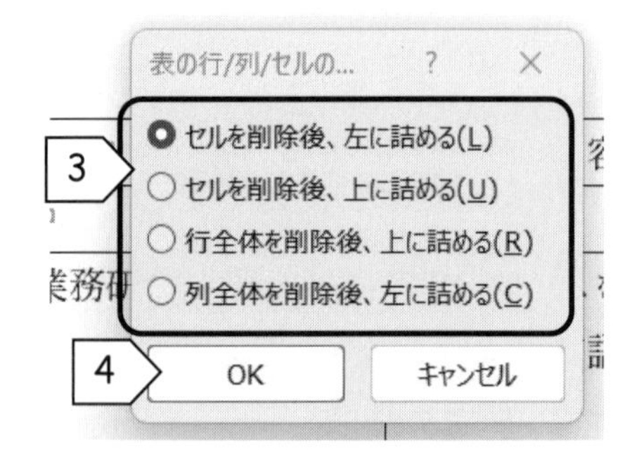

2.7 [テーブル デザイン]タブ

表をクリックすると、Word のタイトルバーに、**[テーブル デザイン]**タブと**[レイアウト]**タブが現れます。**[テーブル デザイン]**タブを活用すれば、罫線の一部を二重線にしたり、太さを変えたり、セルに色を塗ったり、表へのデコレーションが行えます。

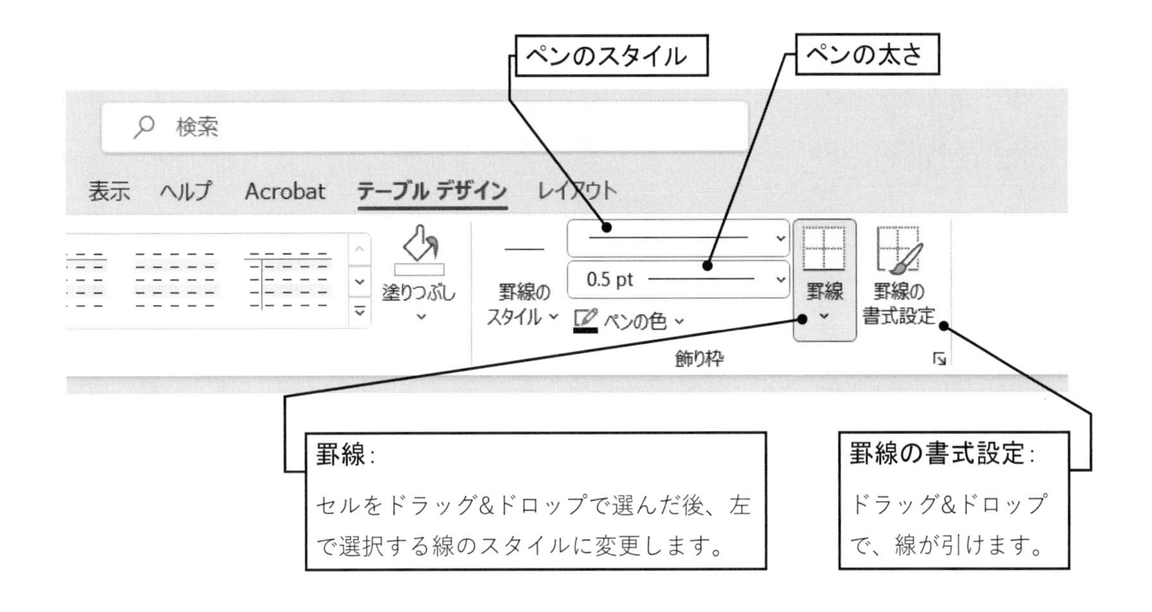

2.8 [レイアウト]タブ

[レイアウト]タブには、セル内の文字を上下中央に配置したり、表を 2 つに分割するメニューなどがあります。

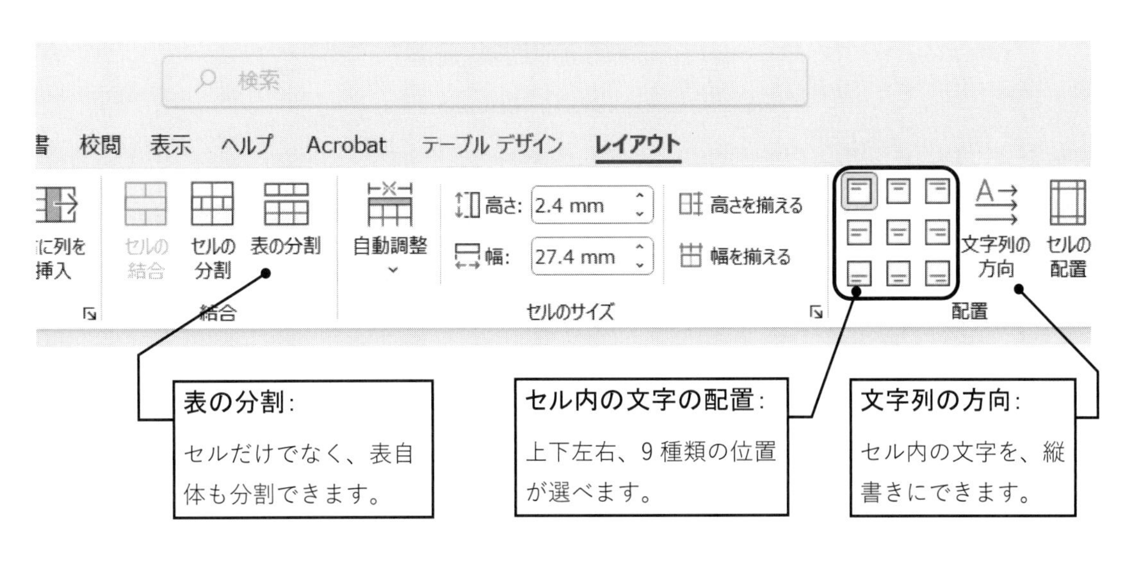

演習 10　表の作り方 (その 1: 基本編)

次の表を作ります。

<table>
<tr><td colspan="2">プログラム</td><td>ねらい・内容</td><td>対象地域</td></tr>
<tr><td rowspan="3">A</td><td rowspan="3">業務研修</td><td rowspan="3">□ビジネスを遂行できるレベルの英語および地域言語の能力を育成する。</td><td>アメリカ</td></tr>
<tr><td>ヨーロッパ</td></tr>
<tr><td>日本国内</td></tr>
<tr><td rowspan="2">B</td><td rowspan="2">語学・異文化研修</td><td rowspan="2">□英語力の向上を図る。
□異文化をテーマとする研究を行う。</td><td>アメリカ</td></tr>
<tr><td>ヨーロッパ</td></tr>
</table>

(1)　Word を起動して、表を配置したい位置にカーソルを移動させます。

(2)　以下の手順に従って、3 行 4 列の表を挿入します。

1)　**[挿入]**タブをクリック。

2)　**[表]**をクリック。

3)　3 行×4 列の部分をクリック。

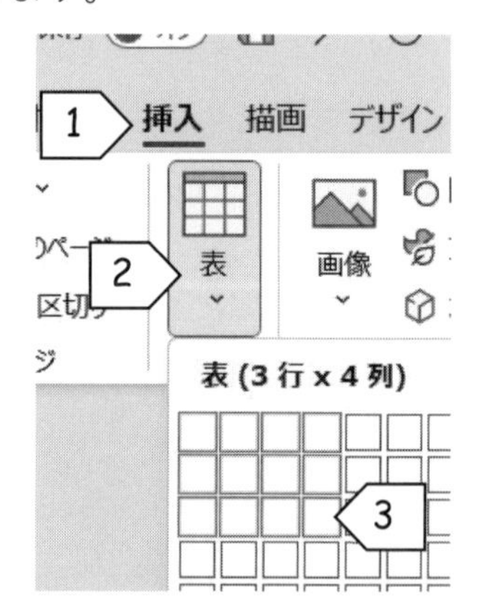

(3)　以下の手順に従って、1 行目の一番左と二番目の 2 つのセルを、1 つに結合します。

1)　1 行目の一番左と二番目の 2 つのセルをドラッグ&ドロップして、

2)　**右クリック。**

3)　**[セルの結合(M)]**をクリック。

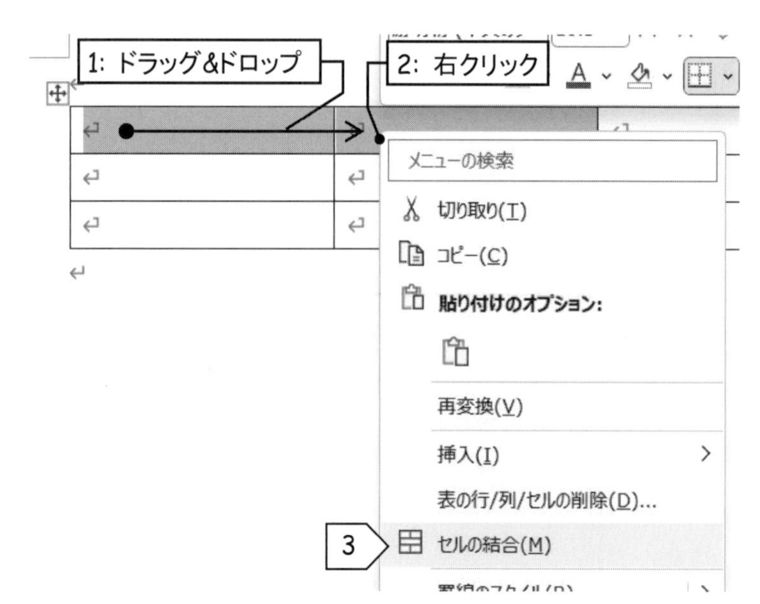

(4) 以下の手順に従って、2 行目の一番右のセルを、3 行に分割します。

1) 2 行目の一番右のセルを、**右クリック→[セルの分割(P)...]**。

2) 「**列数(C):**」を「**1**」にします。

3) 「**行数(R):**」を「**3**」にします。

4) **[OK]**をクリック。

↵	↵	↵	↵
↵	↵	↵	↵
			↵
			↵
↵	↵	↵	↵

(5) (4)と同じ方法で、一番下の行の一番右のセルを、2 行に分割します。

(6) 表の中に文字を入力します。

プログラム		ねらい・内容	対象地域
A	業務研修	□ビジネスを遂行できるレベルの英語および地域言語の能力を育成する。	アメリカ
			ヨーロッパ
			日本国内
B	語学・異文化研修	□英語力の向上を図る。 □異文化をテーマとする研究を行う。	アメリカ
			ヨーロッパ

(7) 前ページのサンプルを参考にして、列幅を調整します。

(8) 作成した表（文書）に、ファイル名「**研修募集**」を付けて保存し、Word を終了します。

演習 11 表の作り方 (その 2: 修正編)

「研修募集」を、次のように変更します。

<table>
<tr><th colspan="2">プログラム</th><th>ねらい・内容</th><th>対象地域</th></tr>
<tr><td>A‘</td><td>事前研修</td><td>□国外研修に対応できるレベルの語学力を身に着ける。</td><td>日本国内</td></tr>
<tr><td rowspan="3">A</td><td rowspan="3">業務研修</td><td rowspan="3">□ビジネスを遂行できるレベルの英語および地域言語の能力を育成する。</td><td>アメリカ</td></tr>
<tr><td>ヨーロッパ</td></tr>
<tr><td>日本国内</td></tr>
<tr><td rowspan="2">B</td><td rowspan="2">語学・異文化研修</td><td rowspan="2">□英語力の向上を図る。
□異文化をテーマとする研究を行う。</td><td>アメリカ</td></tr>
<tr><td>ヨーロッパ</td></tr>
</table>

---

(1) Word を起動して、「研修募集」を開きます。

(2) 以下の手順に従って、「業務研修」の上に「事前研修」行を挿入します。

1) 「業務研修」のどこかを**右クリック→[挿入(I)]→[上に行を挿入(A)]**。

<table>
<tr><th colspan="2">プログラム</th><th>ねらい・内容</th><th>対象地域</th></tr>
<tr><td></td><td></td><td></td><td></td></tr>
<tr><td rowspan="3">A</td><td rowspan="3">業務研修</td><td rowspan="3">□ビジネスを遂行できるレベルの英語および地域言語の能力を育成する。</td><td>アメリカ</td></tr>
<tr><td>ヨーロッパ</td></tr>
<tr><td>日本国内</td></tr>
<tr><td rowspan="2">B</td><td rowspan="2">語学・異文化研修</td><td rowspan="2">□英語力の向上を図る。
□異文化をテーマとする研究を行う。</td><td>アメリカ</td></tr>
<tr><td>ヨーロッパ</td></tr>
</table>

2) 上のサンプルを参考にして、挿入した行に、文字を入力します。

(3) 以下の手順に従って、罫線の一部を二重線に変更します。

1) 表のどこかをクリックして、**[テーブルデザイン]**タグをクリック。

2) **[ペンのスタイル]**をクリック。

3) **[二重線]**をクリック。

4) **[罫線の書式設定]**が押されていることを確認します。

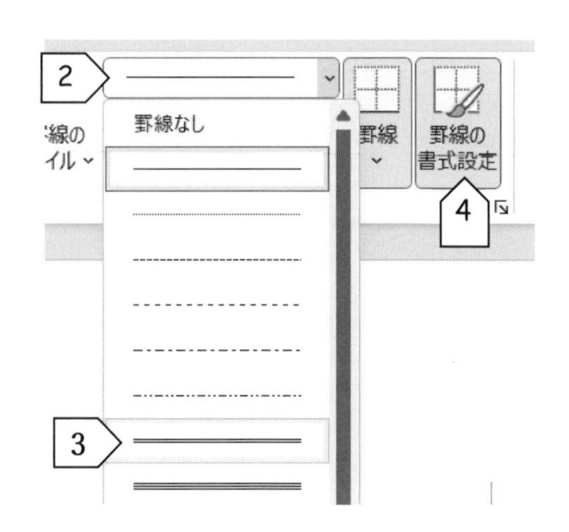

5) 前ページのサンプルを参考にして、二重線にする２本の罫線を、それぞれドラッグ&ドロップ。

プログラム		ねらい・内容	対象地域
A‘	事前研修	□国外研修に対応できるレベルの語学力を身に着ける。	日本国内
A	業務研修	□ビジネスを遂行できるレベルの英語および地域言語の能力を育成する。	アメリカ
			ヨーロッパ

ドラッグ&
ドロップ

(4) 以下の手順に従って、罫線の一部を太さ 1.5pt の太線に変更します。

1) **[ペンのスタイル]**を**[通常の線]**に戻します。
2) **[ペンの太さ]**をクリック。
3) **[1.5 pt]**をクリック。
4) **[罫線の書式設定]**が押されていることを確認します。
5) 前ページのサンプルを参考にして、1.5 pt の太い線にする２本の罫線を、それぞれドラッグ&ドロップ。

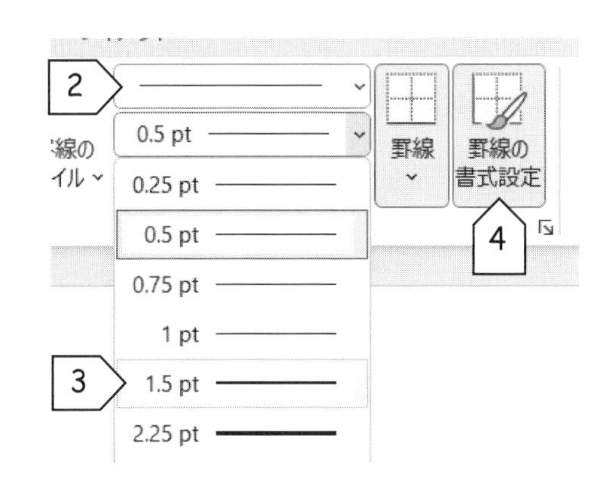

(5) 以下の手順に従って、表中の対象地域をセルの中央に配置します。

1) **[罫線の書式設定]**をクリックして、解除します。
2) 表中の対象地域「対象地域」～「ヨーロッパ」をドラッグ&ドロップ。
3) **[レイアウト]**タグをクリック。
4) **[中央揃え]**をクリック。
5) 前ページのサンプルを参考にして、表中の他の文字の配置もそれぞれ設定します。

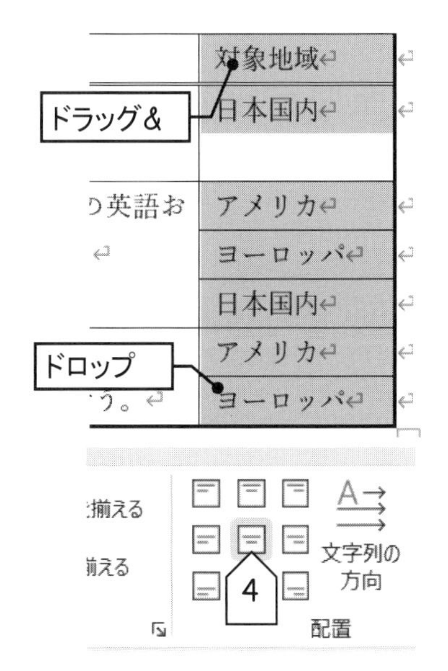

(6) 改めて、この表（文書）を上書き保存し、Word を終了します。

Windows Word **PowerPoint** Excel

volume 3　Text of PowerPoint

chapter 5　PowerPoint を始めよう
1. 始め方と終わり方 ・・・・・・・・・・・・・・・・・・58
2. プレゼンテーションの保存と開くと印刷 ・・・・・・・61

chapter 6　プレゼンテーションはスライドの集まり
1. スライドの追加と並べ替え ・・・・・・・・・・・・・・64
2. 背景とスライドのテーマ ・・・・・・・・・・・・・・・68
3. スライド ショーと画面切り替え ・・・・・・・・・・・72

chapter 7　スライドはオブジェクトの集まり
1. テキスト（文字） ・・・・・・・・・・・・・・・・・・74
2. オブジェクトの書式設定 ・・・・・・・・・・・・・・・77
3. アニメーション ・・・・・・・・・・・・・・・・・・・80

chapter 5

PowerPoint を始めよう

PowerPoint は、プレゼンテーション用のソフトです。presentation とは、元々「発表」、「上演」、「説明」といった意味ですが、ビジネスの現場では、「事業の方針や企画、商品内容などを説明し、相手を説得して、出資・採用・購入させるための発表」というようなニュアンスで使われています。欧米では、昔からビジネスの大きな部分を占めています。日本でも、様々な分野で重視されており、多くの場面で、PowerPoint が活用されています。
ここでは、起動や保存の方法を紹介します。

1. 始め方と終わり方

1.1 始め方

(1) [スタート]ボタンをクリック。

(2) [すべてのアプリ >]をクリック。

(3) [PowerPoint]をクリック。

(4) [新しいプレゼンテーション]をクリック。

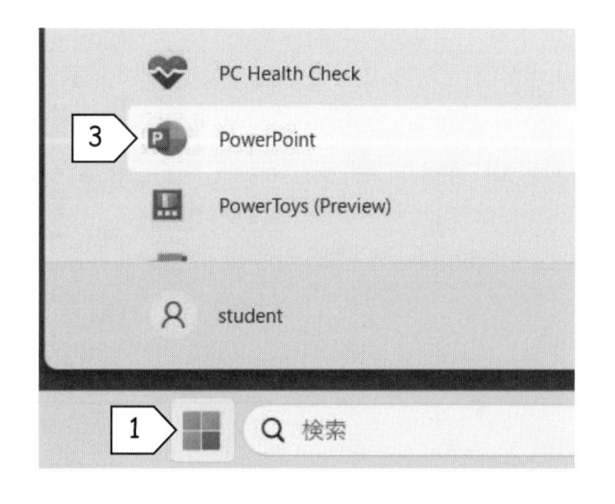

※ 次ページに示す「PowerPoint のウィンドウ」が現れます。

1.2 終わり方

(1) ウィンドウ右上の[×]をクリック。

※ 終了時に、開いているプレゼンテーションについて、保存するか問われたら、適宜判断します。

PowerPoint のウィンドウ

PowerPoint では、[元に戻す]の次に、「スライド ペイン」と「サムネイル」を覚えます。

スライド ペイン:

PowerPoint では、スライドという画面をスクリーンに表示してプレゼンテーションを行います。スライドには、文字やイラストなどを貼り付けて、伝えたいことを表現するのですが、これを作るスペースがスライド ペインです。ビデオやサウンド、アニメーションも扱えます。

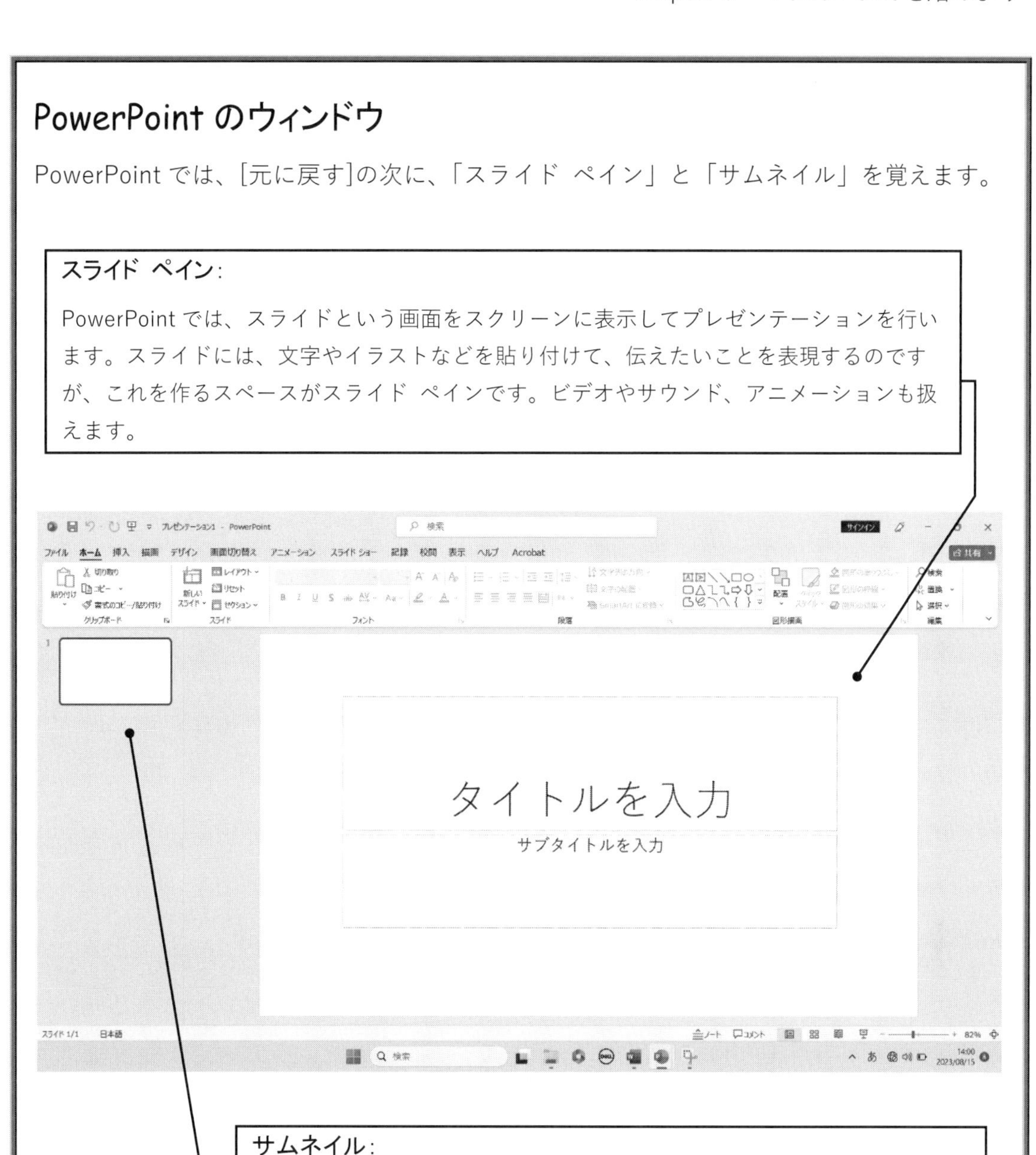

サムネイル:

スライドの縮小版（サムネイル）を表示して、スライドを整理するウィンドウです。スライドの並べ替えや追加、削除などを行います。

間違えたら、[元に戻す]

PowerPoint にも、**[元に戻す]**と**[やり直し]**があります。何でも最初は間違えが多いもの。「こんなはずじゃなかった」と感じたら、即、**[元に戻す]**をクリックです。

演習 12　大学の紹介プレゼンテーション　(その 1)

それでは、実際に PowerPoint を使ってみます。

(1) **[スタート]**ボタン→**[すべてのアプリ >]**→**[PowerPoint]**→**[新しいプレゼンテーション]**を選択して、PowerPoint を起動します。

(2) スライド ペインの「タイトルを入力」をクリックして、「●●大学の紹介」を入力します。

(3) 下のサンプルを参考にして、サブタイトルとして、「耳寄り情報」、学籍番号、氏名の 3 行を入力します。

(4) 作成したプレゼンテーションに、ファイル名「**大学の紹介**」を付けて保存します。

▶ 次ページの「2.1 プレゼンテーションを保存する」が、参考になります。

(5) PowerPoint を終了します。

2. プレゼンテーションの保存と開くと印刷

作成したプレゼンテーションを、ファイルとして保存する方法と、改めて呼び出す(開く)方法を紹介します。やり方は、Word と一緒です。

2.1 プレゼンテーションを保存する

(1) [ファイル]タブ→[名前を付けて保存]→[参照]。

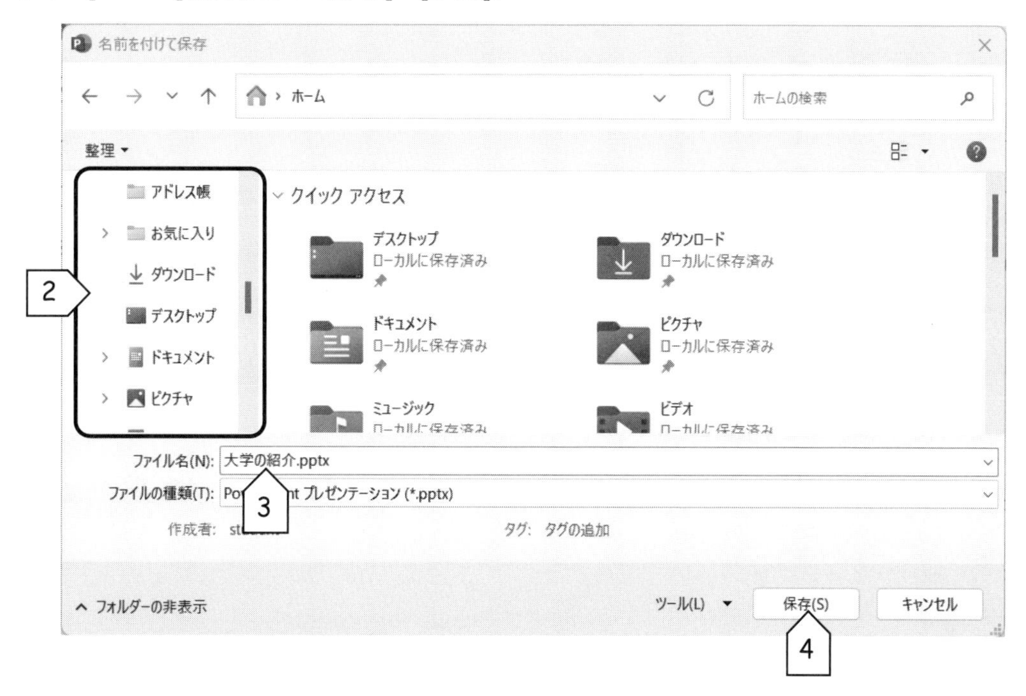

(2) プレゼンテーションを保存するフォルダーを指定します。

(3) 「ファイル名(N):」を入力します。

(4) [保存(S)]をクリック。

困ったら、[キャンセル]か[Esc]

PowerPoint でも、[キャンセル]と[Esc]が使えます。何か間違えて、操作方法が分からなくなってしまったら、まずは、[キャンセル]か[Esc]です。

2.2 プレゼンテーションを開く

(1) PowerPoint を起動して、**[開く]**→**[参照]**。

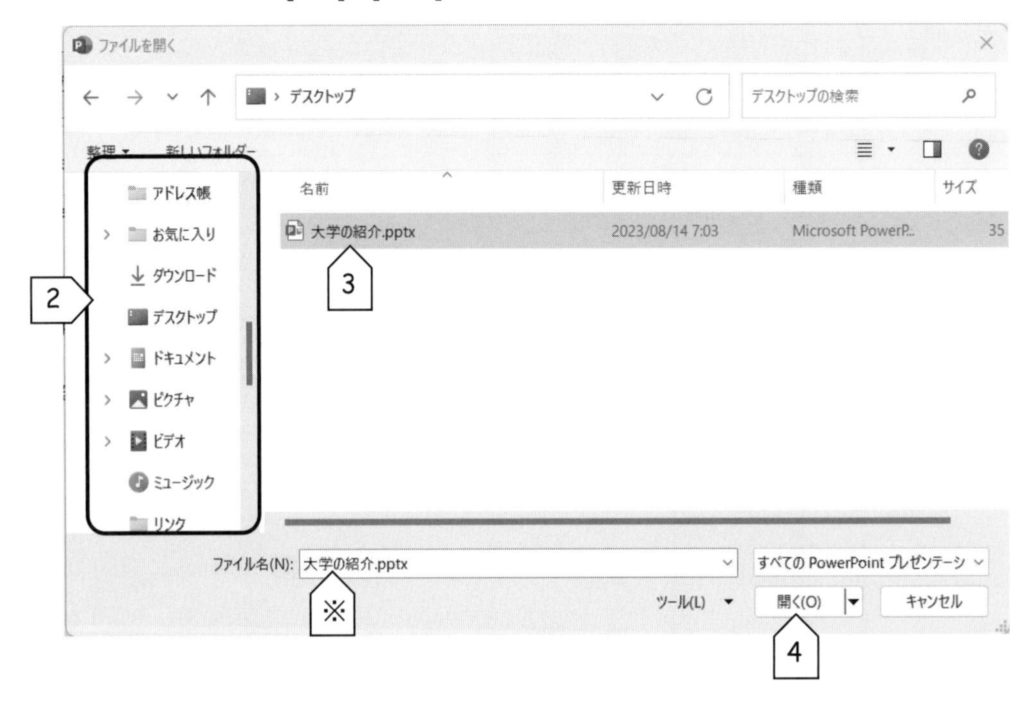

(2) プレゼンテーションが保存されているフォルダーを指定します。

(3) 目的のファイル名をクリック。

> ※ 目的のファイル名に枠が付き、その名前が「**ファイル名(N):**」に入ります。

(4) **[開く(O)]**をクリック。

既にファイル名が付いている場合は、[上書き保存]で OK

ファイル名が付いているプレゼンテーションを開き、修正して、保存し直す場合は、**[ファイル]**タブ→**[上書き保存]**で OK です。修正前のプレゼンテーションを残す必要がある場合は、**[ファイル]**タブ→**[名前を付けて保存]**→**[参照]**を選び、別のファイル名を付けます。

2.3 印刷

PowerPoint では、作成したスライドを 1 枚 1 枚個別に印刷するだけでなく、数枚のスライドを 1 枚の紙にまとめて印刷することもできます。

(1)　[ファイル]→[印刷]をクリック。

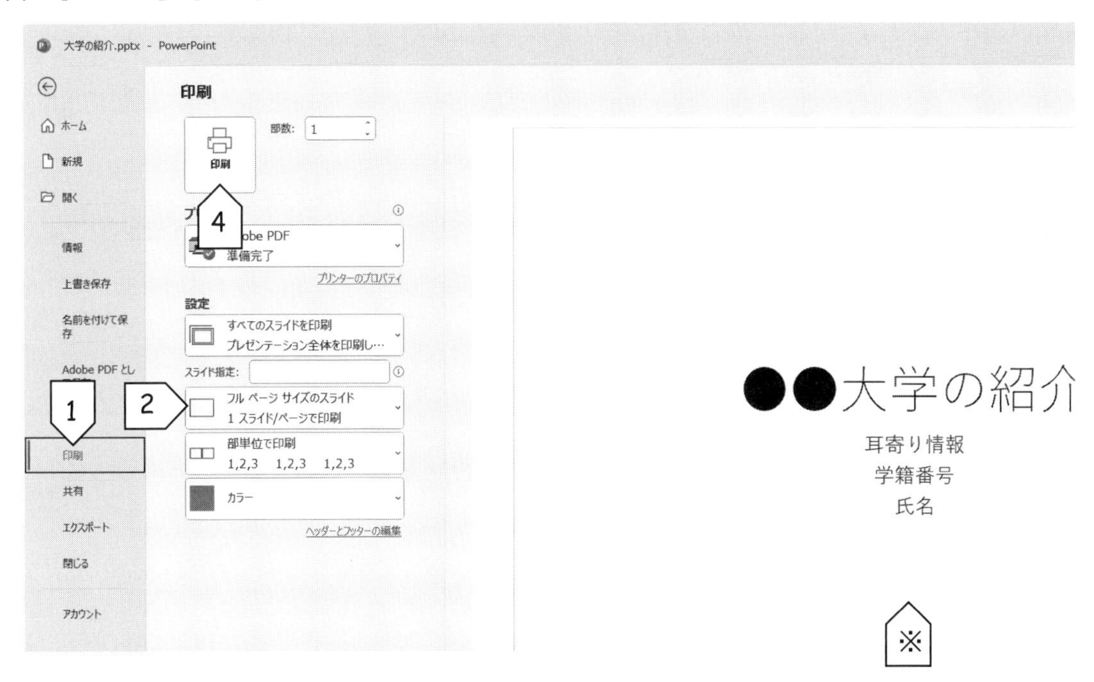

(2)　「フル ページ サイズのスライド」をクリック。

(3)　「印刷レイアウト」を選択します。

> ※ 複数のスライドを、1 枚の紙にまとめて印刷することもできます。
>
> ※ 6 つのスライドを 1 枚に印刷するときは、[6 スライド(横)]を選びます。
>
> ※ 画面の右側で、印刷結果がプレビューできます。

(4)　[印刷]ボタンをクリック。印刷が始まります。

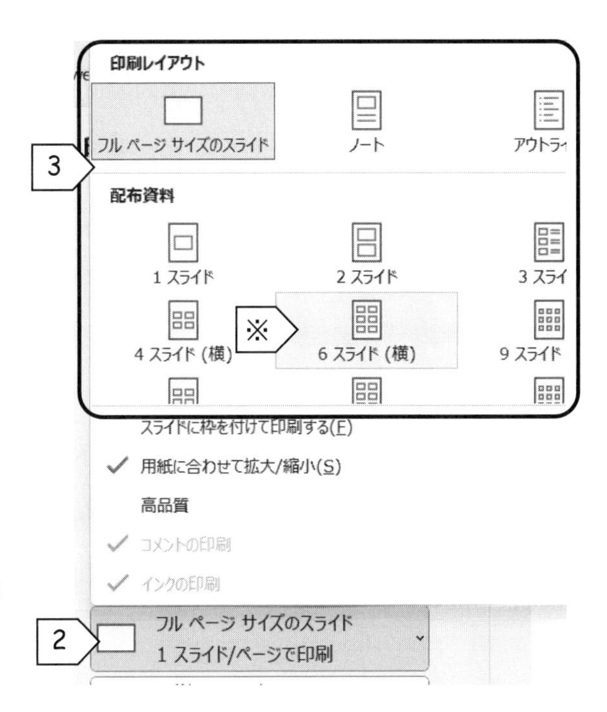

chapter 6

プレゼンテーションはスライドの集まり

1 つのプレゼンテーションは、たくさんのスライドによって構成されています。ここでは、新しいスライドを追加する方法や、スライドの順番を並べ替える方法などを紹介します。

1. スライドの追加と並べ替え

1.1 スライドの追加

(1) [ホーム]タブをクリック。

(2) [新しいスライド▼]をクリック。

(3) 目的のレイアウトをクリック。

※ スライド ペインに新しいスライドが現れます。

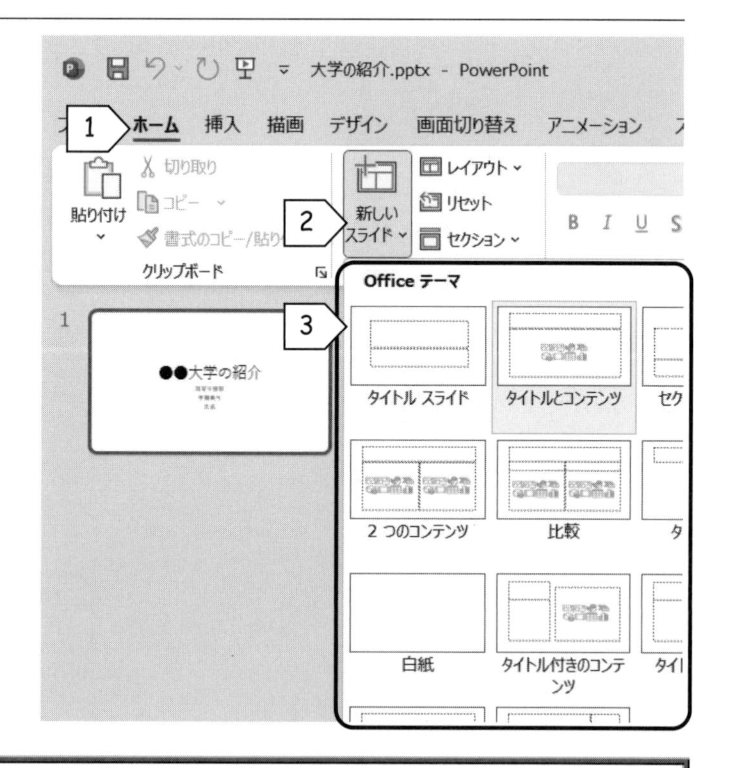

サムネイルを右クリック→[削除]で、スライドは消せる

スライドは、サムネイル（次ページ参照）で消せます。消したいスライドのサムネイルを、**右クリック→[スライドの削除(D)]**です。

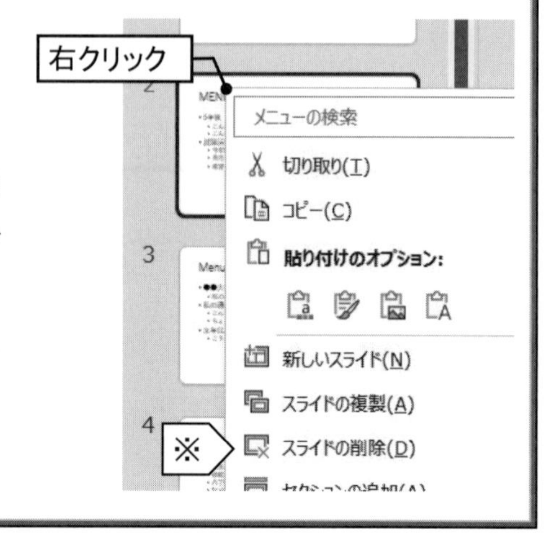

1.2 スライドの並べ替え

プレゼンテーションの全体像は、サムネイルで確認できます。
画面の左端にはスライドの縮小版（サムネイル）が並んでいて、ドラッグ&ドロップによって、スライドの順番も変えられます。
サムネイルとは、親指の爪のことで、「親指で摘んで並べ替えたり、取り除いたりできるように、縮小して表したもの」という意味だそうです。

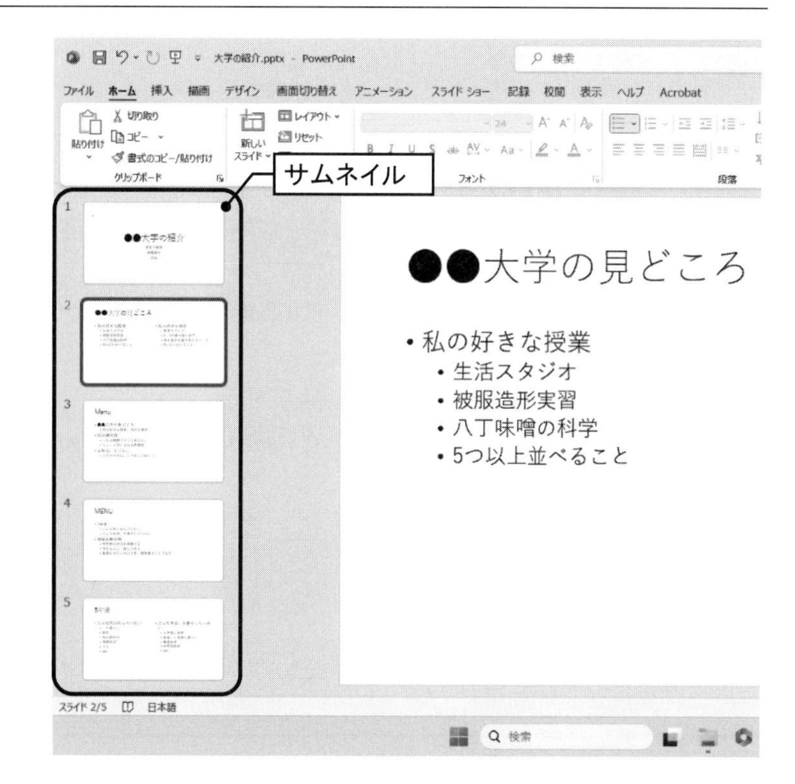

(1) 目的のサムネイルを**ドラッグ**。

> ※ 目的のサムネイルに枠が付き、ドロップ先に間が空きます。

(2) 他のサムネイルを意識して、目的の位置で**ドロップ**。

> ※ 右の例では、2 枚目だった「●●大学の見どころ」が、「Menu」の後に移ります。

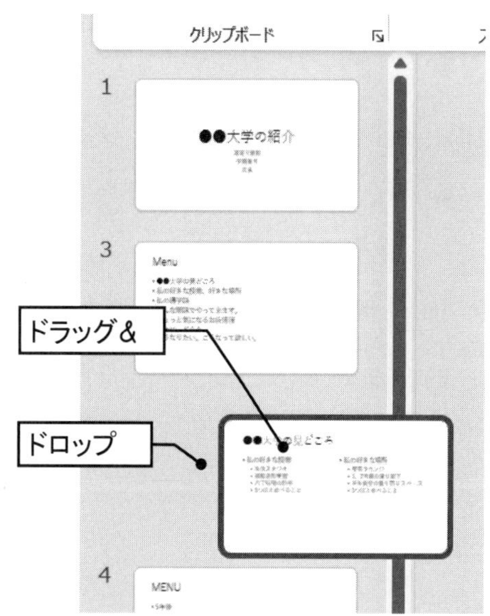

サムネイルをクリックすれば、そのスライドが編集できる

既存のスライドを編集する場合も、サムネイルが役に立ちます。目的のサムネイルをクリックすると、そのスライドがスライド ペインに現れ、編集ができるようになります。

演習 13　大学紹介プレゼンテーション　(その 2: スライドの追加と背景)

「大学の紹介」に、スライド「Menu」を追加します。

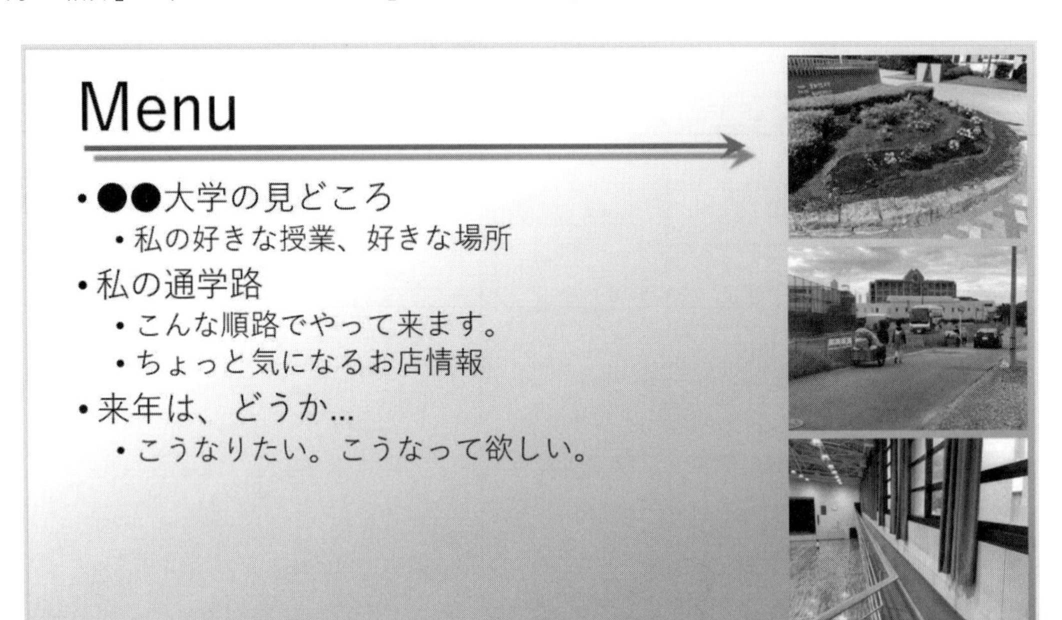

(1) PowerPoint を起動して、「大学の紹介」を開きます。

▶ 「2.2 プレゼンテーションを開く (p. 62)」が、参考になります。

(2) 以下の手順に従って、2 枚目のスライドを追加します。

▶ 「1.1 スライドの追加 (p. 64)」が、参考になります。

1) [ホーム]タブ→[新しいスライド▼]。

2) [タイトルとコンテンツ]をクリック。

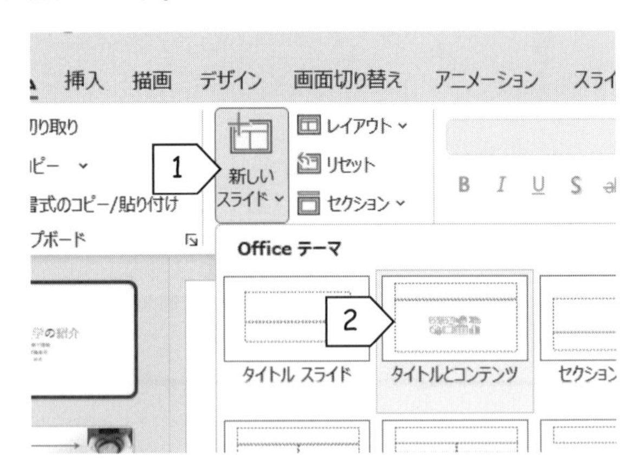

(3) 上のサンプルを参考にして、タイトル「Menu」と箇条書きを入力します。なお、箇条書きの行頭の字下げには、[Tab]および[Shift]+[Tab]を活用します。

▶ 「私の好きな授業、好きな場所」や「こんな順路でやって来ます。」などの字下げは、各行の先頭で[Tab]を押して行います。また、頭の位置を元に戻すには、行の先頭で[Shift]+[Tab]を押します。

(4) 以下の手順に従って、スライドの背景を変更します。

▶ 次ページの「2.1 背景」が、参考になります。

1) 2 枚目のスライドのサムネイルを**右クリック→[背景の書式設定(B)...]**。

2) 「**塗りつぶし**」を設定します。

3) 最後に、**[×]**をクリック。

(5) 背景に合うように、タイトル「Menu」と箇条書きのフォントを（色も）設定します。

▶ 「1.1 フォント（p. 74)」が、参考になります。

(6) タイトルと箇条書きの間に、直線（図形）を引きます。色や影も設定します。

▶ 図形の扱い方は、Word と一緒です。「4.2 図形（p. 32)」が、参考になります。

▶ 色や影は、その直線を右クリック→**[図形の書式設定]**で設定できます。
「4.4 図形の枠線（p. 34)」と「2.2 図形の書式設定（効果）（p. 78)」が、参考になります。

(7) あなたが撮影したオリジナルの写真を、3 枚以上挿入します。スライド・プレゼンテーションのイメージを大切にして、大きさやレイアウトも工夫します。

▶ 写真の扱い方も、ほぼ Word と一緒です。「4.5 画像（p. 38)」が、参考になります。

(8) 全体のレイアウト（図形や写真、テキスト ボックスなどの大きさや位置など）、テキストや図形の色などを、見栄えが良くなるように工夫します。

(9) (4)、(5)、(6)、(7)を参考にして、1 枚目のタイトル スライドにも、2 つ以上の図形（3-D や影も付けます）と 2 枚以上のオリジナルの写真を挿入し、見栄えが良くなるように、背景、全体のレイアウト、テキストのフォントなどを工夫します。

(10) 改めて、このプレゼンテーションを上書き保存し、PowerPoint を終了します。

---

2. 背景とスライドのテーマ

背景は、スライドのイメージを大きく左右する重要な要素です。背景を変更する方法と既存のデザインを活用する方法を紹介します。

2.1 背景

(1) 背景を設定したいスライドのサムネイルを**右クリック**。

(2) **[背景の書式設定(B)...]**をクリック。

> ※ ウィンドウの右側に、作業ウィンドウ「背景の書式設定」が現れます。

(3) 「**塗りつぶし**」を設定します。

> ※ 塗りつぶしには、**単色**、**グラデーション**、**図**などがあります。いろいろと試してみましょう。

(4) 最後に、**「背景の書式設定」**の[×]をクリック。

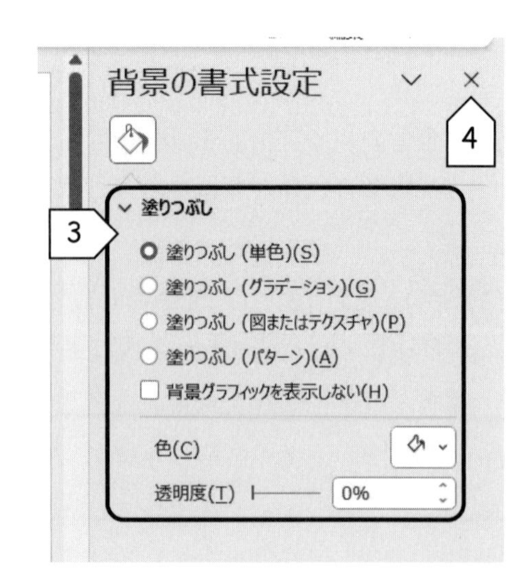

2.2 スライドのテーマ

(1) **[デザイン]**タブをクリック。

(2) リボンに並んだテーマの右端にあるアイコン をクリック。

(3) テーマを１つ、クリック。

マスターを使えば、あなた好みのテーマも

テーマを自分で設定したい場合は、マスターという機能を使います。
マスターは、**[表示]**タブ→**[スライド マスター]**で設定します。

演習 14 近未来希望図 (その 1: テーマとスライドショー)

以下の指示に従って、5 年後の自分を意識するプレゼンテーションを作ります。

---

(1) PowerPoint を起動します。

(2) このサンプルを参考にして、タイトル スライドにタイトルとサブタイトルを入力します。

近未来希望図
5年後への希望と就職活動計画
学籍番号
氏名

(3) 作成中のプレゼンテーションに、ファイル名「**近未来希望図**」を付けて保存します。

(4) **[デザイン]**タブをクリックして、組み込まれている「**テーマ**」の中から、あなたのイメージに合ったものを選択します。

▶ 前ページの「2.2 スライドのテーマ」が、参考になります。

近未来希望図
5年後への希望と就職活動計画
学籍番号
氏名

(5) このタイトル スライドに、ふさわしい図形を 1 つ以上と、あなたが撮影したオリジナルの写真 2 枚以上を、挿入します。

(6) 以下の手順に従って、2 枚目のスライド「Menu」を追加します。

1) **[ホーム]**タブ→**[新しいスライド▼]**→**[タイトルとコンテンツ]**。

2) このサンプルを参考にして、タイトルおよび箇条書きを入力します。

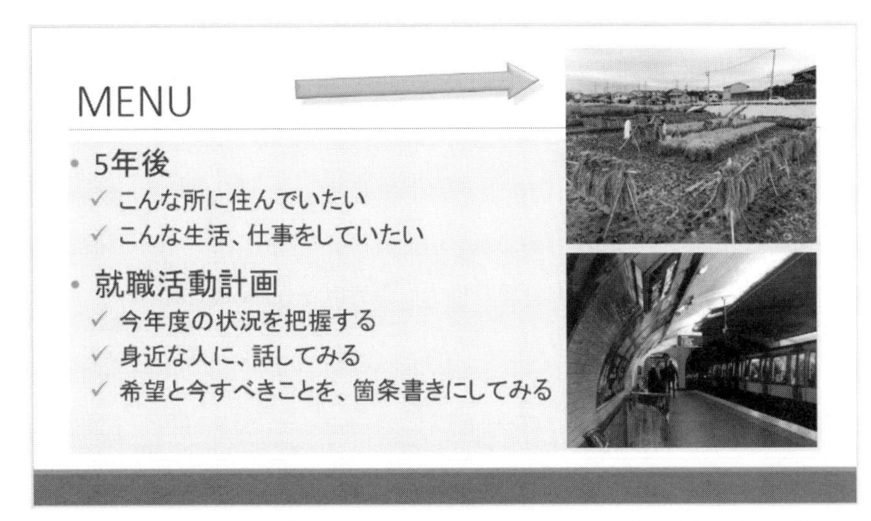

3) 箇条書きのテキスト ボックスには「**塗りつぶし**」を設定します。各行頭の字下げには[Tab]や[Shift]+ [Tab]を活用します。

4) 矢印（図形、影などの効果も設定します）を 1 つと、あなたが撮影したオリジナルの写真 2 枚以上を、挿入します。

5) 改めて、このプレゼンテーションを上書き保存します。

(7) **[スライド ショー]**タブ→**[最初から]**を選択して、スライド ショーをしてみます。

▶ 次ページの「3.1 スライド ショー」が、参考になります。

(8) 以下の手順に従って、2 枚目のスライドに画面切り替えを設定します。

▶ 「3.2 画面切り替え（p. 73）」が、参考になります。

1) **[画面切り替え]**タブをクリック。

2) 「**画面切り替え**」の中から、あなたのイメージに合ったものを選択します。

3) 「**継続時間:**」を設定し、「**画面切り替えのタイミング**」で「**自動的に切り替え**」に**チェック**を付けます。

4) 改めてスライド ショーを行い、設定を確認します。

(9) (8)と同じ方法で、1 枚目のタイトル スライドにも画面切り替えを設定します。

(10) 改めて、このプレゼンテーションを上書き保存し、PowerPoint を終了します。

3. スライド ショーと画面切り替え

作成したスライドは、スライド ショーという機能で、順番に表示させることができます。スライドを画面の中央からズームインで登場させるなど、スライドの切り替え方も設定できます。

3.1 スライド ショー

(1)　[スライド ショー]タブをクリック。

(2)　[最初から]をクリック。

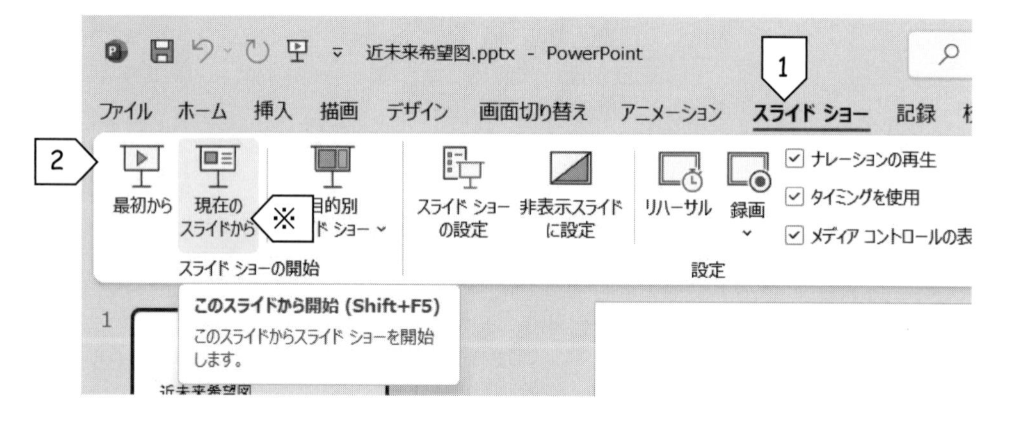

※ 1枚目のスライドが、画面いっぱいに現れます。

※ 2枚目以降は、クリックあるいは[Enter]を押すと、順次現れます。

※ [Back space]を押せば、1つ前に戻ります。

※ [現在のスライドから]をクリックすると、あるいは[Shift]+[F5]を押せば、現在スライド ペインにあるスライドから、スライドショーが始まります。

3.2 画面切り替え

(1) **[画面切り替え]**タブをクリック。

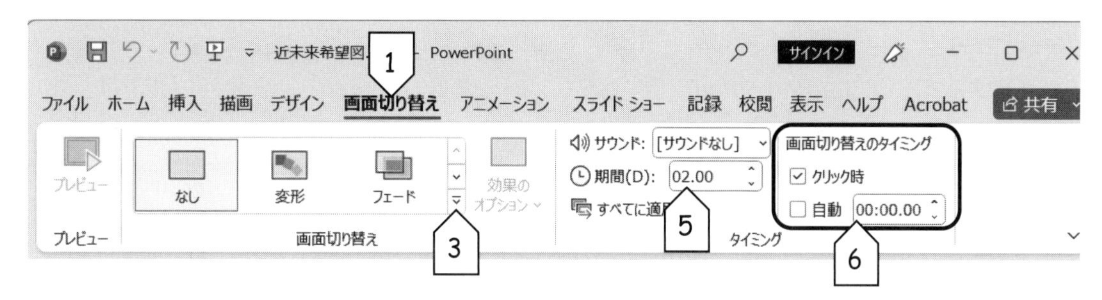

(2) 設定したいスライドのサムネイルをクリック。

(3) リボンに並んだ効果の右端にあるアイコン をクリック。

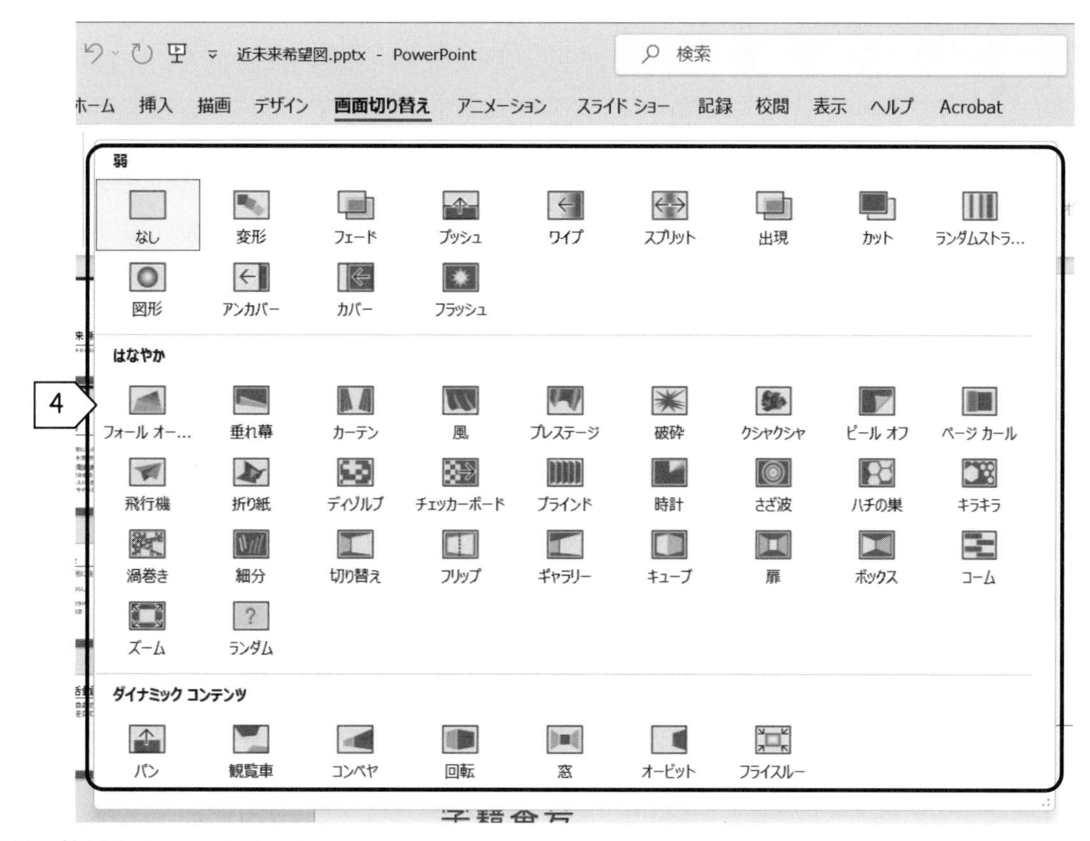

(4) 効果を１つ、クリック。

(5) 「**期間**（継続時間）」などを設定します。

(6) 「**画面切り替えのタイミング**」では、クリックするとスライドが切り替わる設定や、5 秒後に自動的に切り替わるなどが設定できます。

chapter 7
スライドはオブジェクトの集まり

スライドには、タイトルをはじめ、テキスト（文字）やグラフィックなど、いろいろなパーツが集まっています。PowerPoint では、「オブジェクト」と呼んでいます。ここでは、オブジェクトの基本的な扱い方を説明するとともに、アニメーションの設定方法を紹介します。

1. テキスト（文字）

PowerPoint では、テキストはすべて、テキスト ボックスという箱に入れて扱います。この箱は、図形のように色が変えられ、位置や大きさも自由自在です。一文字一文字に、影や光彩、輪郭などのテキスト効果も設定できます。

1.1 フォント

(1) 設定したい文字をドラッグ&ドロップして、**右クリック**。

(2) **[フォント(F)...]**をクリック。

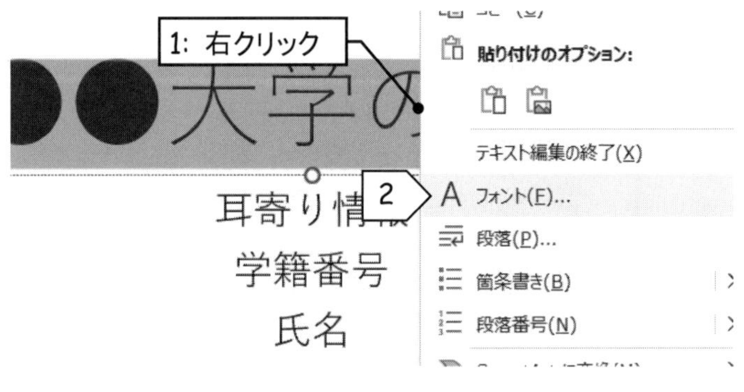

(3) **「英数字用のフォント(F):」**や**「日本語用のフォント(T):」**、**「スタイル(Y):」**、**「サイズ(S):」**などを設定します。

(4) 最後に、**[OK]**をクリック。

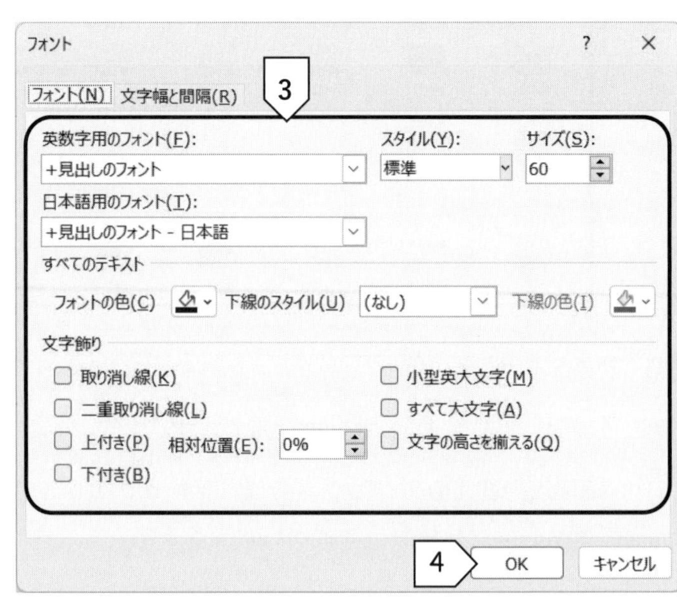

1.2 テキスト効果の設定

(1) 設定したい文字をドラッグ&ドロップして、**右クリック→[図形の書式設定(O)...]**。

> ※ ウィンドウの右側に、作業ウィンドウ「図形の書式設定」が現れます。

(2) 「**文字のオプション**」をクリック。

(3) 「**文字の塗りつぶしと輪郭**」や「**文字の効果**」、「**テキストボックス**」を設定します。

(4) 最後に、[×]をクリック。

1.3 段落

(1) 設定したい文字をドラッグ&ドロップして、**右クリック→[段落(P)...]**。

(2) 「**配置(G):**」や「**インデント**」、「**間隔**」を設定します。

(3) 最後に、**[OK]**をクリック。

演習 15　大学紹介プレゼンテーション　(その 3: 図形の書式設定)

「大学の紹介」に、スライド「●●大学の見どころ」を追加します。

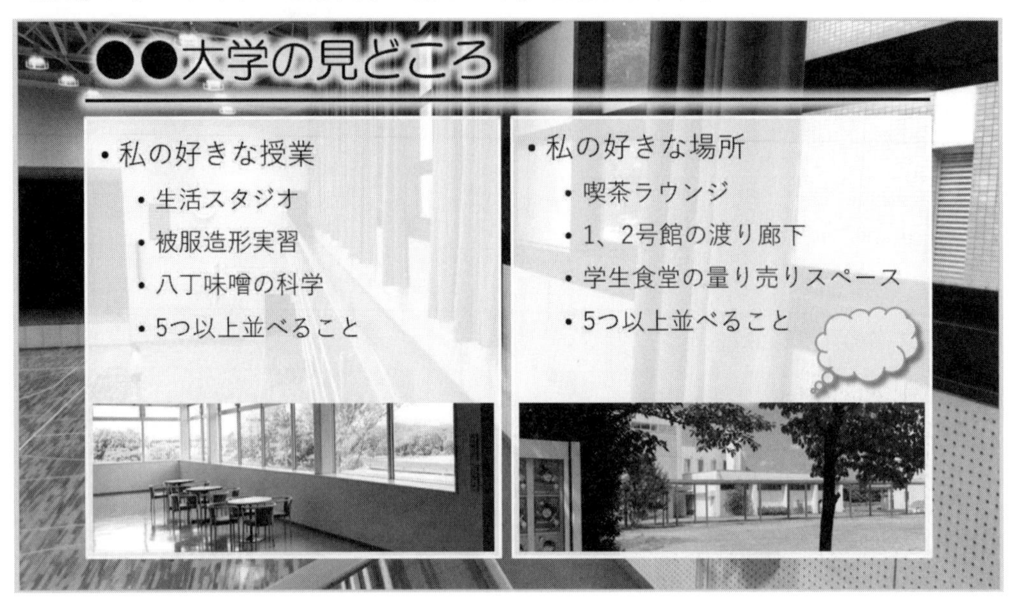

(1) PowerPoint を起動して、「大学の紹介」を開きます。

(2) 以下の手順に従って、3 枚目のスライド「●●大学の見どころ」を追加します。

1) **[ホーム]**タブ→**[新しいスライド▼]**→**[2 つのコンテンツ]**。サムネイルで 3 枚目にします。

2) 上のサンプルを参考にして、タイトルおよび 2 つの箇条書きを入力します。

3) 図形またはあなたが撮影したオリジナルの写真を合わせて 3 つ以上挿入します。

4) 2 つの箇条書きのテキスト ボックスに塗りつぶしを設定します。

▶ 次ページの「2.1 図形の書式設定（塗りつぶしと線)」が、参考になります。

5) タイトル「●●大学の見どころ」と 2 つの箇条書きのフォントを（色も）設定します。

▶ 「1.1 フォント（p. 74)」が、参考になります。

6) 見栄えが良くなるように、全体のレイアウト（図の大きさや位置、テキスト ボックスの位置など)、テキストや図の色などを工夫します。

7) イメージに合った画面切り替えを設定します。

(3) 改めて、このプレゼンテーションを上書き保存し、PowerPoint を終了します。

2. オブジェクトの書式設定

スライドを構成しているテキスト ボックスや図形などの各オブジェクトには、色や大きさをはじめ、様々な書式を設定することができます。
ここでは、オブジェクトにお化粧を施す方法を紹介します。

2.1 図形の書式設定（塗りつぶしと線）

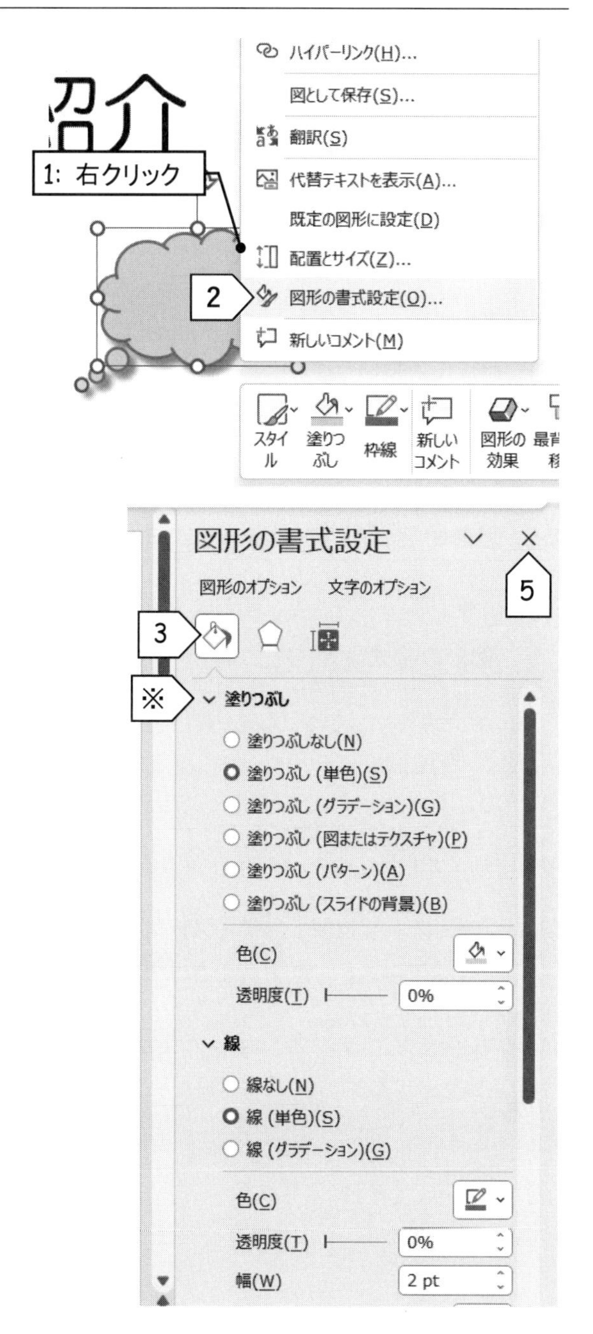

(1) 設定したいオブジェクトを**右クリック**。

(2) **[図形の書式設定(O)...]**をクリック。

> ※ ウィンドウの右側に、作業ウィンドウ「図形の書式設定」が現れます。

(3) **[塗りつぶしと線]**をクリック。

(4) 「**塗りつぶし**」と「**線**」が設定できます。

> ※ 例えば、「塗りつぶし」をクリックするとその設定項目が現れ、もう一度クリックすると消えます。

(5) 最後に、[×]をクリック。

2.2 図形の書式設定（効果）

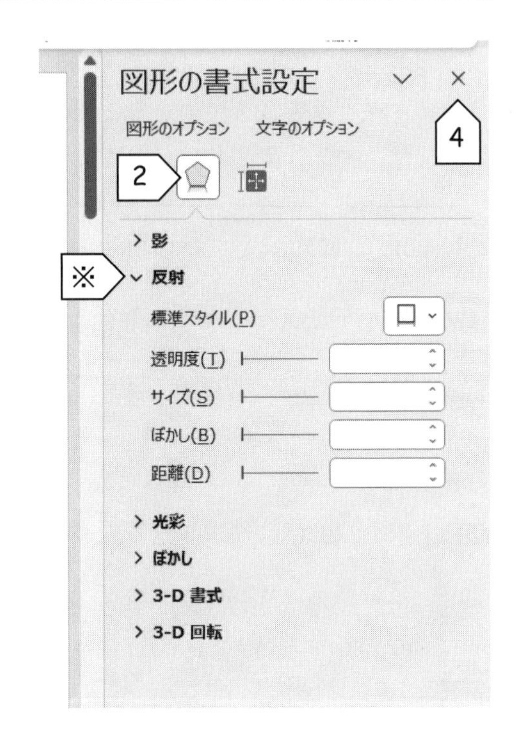

(1) 設定したいオブジェクトを**右クリック→[図形の書式設定(O)...]**。

> ※ 作業ウィンドウ「図形の書式設定」が現れます。

(2) **[効果]**をクリック。

(3) 「**影**」、「**反射**」、「**光彩**」、「**ぼかし**」、「**3-D 書式**」、「**3-D 回転**」が設定できます。

> ※ 例えば、「反射」をクリックすると、その設定項目が現れます。

(4) 最後に、**[×]**をクリック。

2.3 図形の書式設定（サイズとプロパティ）

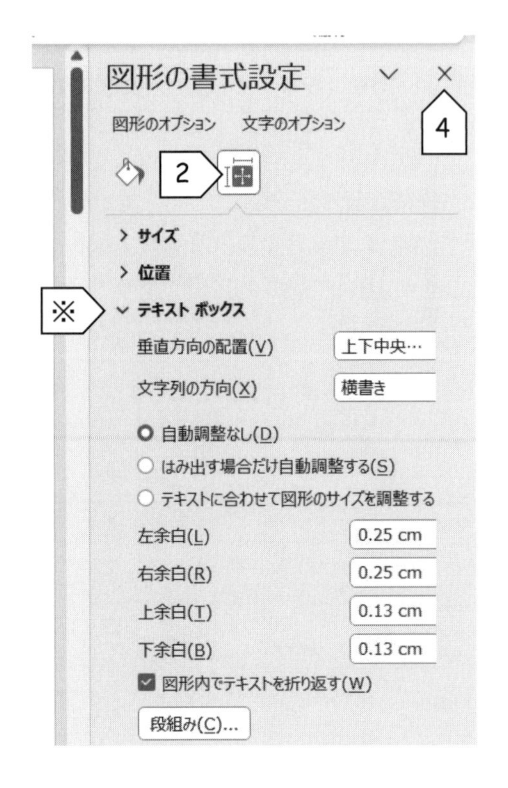

(1) 設定したいオブジェクトを**右クリック→[図形の書式設定(O)...]**。

> ※ 作業ウィンドウ「図形の書式設定」が現れます。

(2) **[サイズとプロパティ]**をクリック。

(3) 「**サイズ**」、「**位置**」、「**テキスト ボックス**」、「**代替テキスト**」が設定できます。

> ※ 例えば、「テキスト ボックス」をクリックすると、その設定項目が現れます。

(4) 最後に、**[×]**をクリック。

2.4 [図の形式]

写真などの画像をクリックすると、PowerPoint のタイトルバーに**[図の形式]**タブが現れます。
この**[図の形式]**には、明るさやコントラストなど、画像用の機能が集まっています。
写真の大まかなレタッチ（修正）も、この**[図の形式]**で行えます。

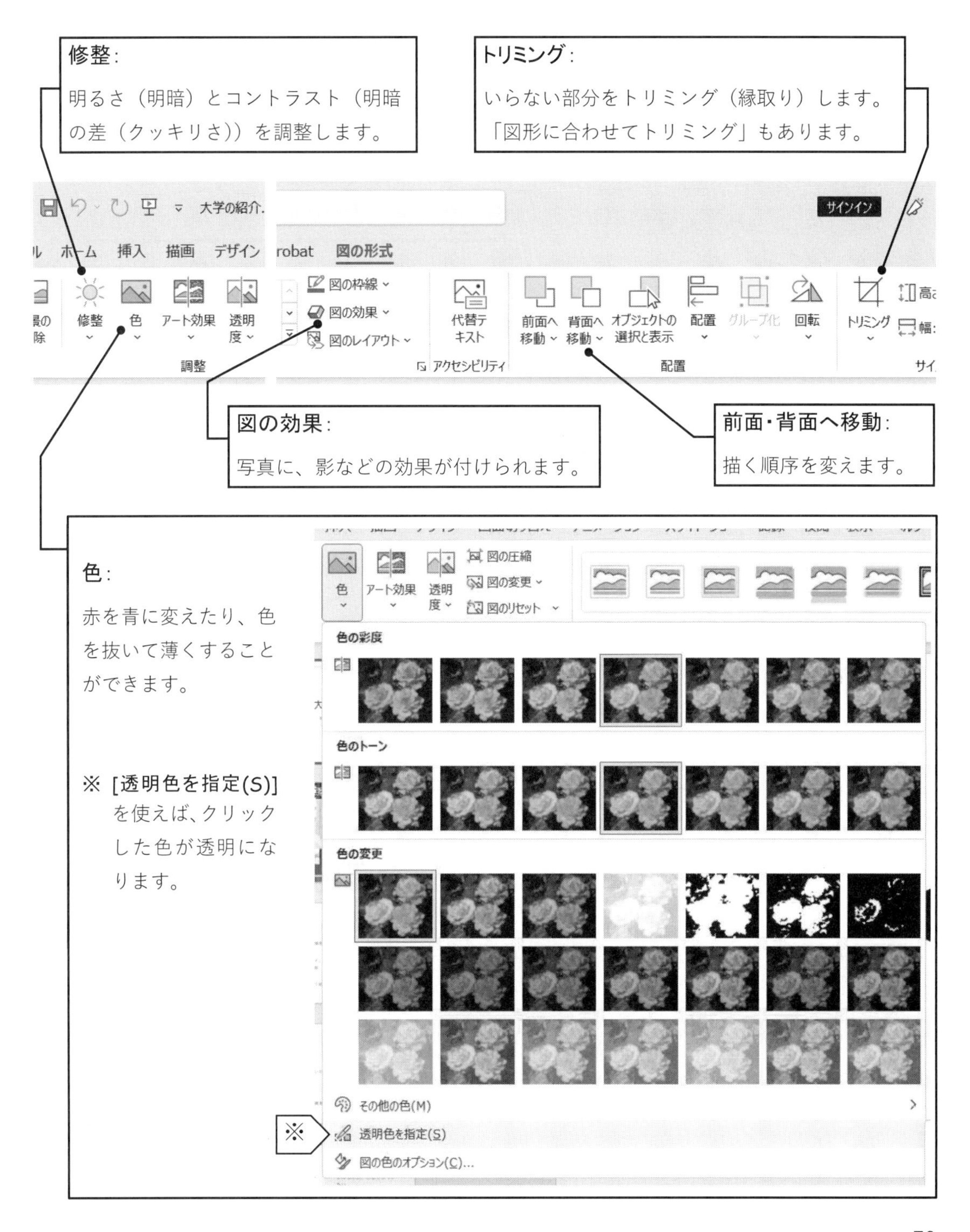

3. アニメーション

PowerPoint では、テキスト ボックスや図形などを動かすアニメーションが設定できます。

3.1 アニメーションの追加

(1) **[アニメーション]**タブをクリック。

(2) 設定したいオブジェクトをクリック。

(3) **[アニメーションの追加▼]**をクリック。

※ 現れたアニメーション効果にポイントすると、効果がプレビューできます。

(4) 目的のアニメーション効果をクリック。

※ 目的のアニメーションが表示されない場合は、**[その他の開始効果(E)...]**、**[その他の強調効果(M)...]**、**[その他の終了効果(X)...]**、**[その他のアニメーションの軌跡効果(P)...]**をクリックします。PowerPoint が準備している、すべてのアニメーション効果が現われます。

3.2 アニメーションの編集

(1) **[アニメーション]**タブ→**[アニメーション ウィンドウ]**。

> ※ 画面の右側に、「アニメーション ウィンドウ」が現れます。
>
> ※ アニメーション ウィンドウの使い方は、サムネイルと一緒です。
>
> ※ アニメーション ウィンドウで、アニメーションをドラッグ&ドロップすれば順番が変わります。

(2) さらに細かな設定を施したい場合は、**アニメーション ウィンドウ**で、対象のアニメーションを**右クリック**。

> ※ **右クリック→[削除(R)]**で、アニメーションを消すことができます。

(3) **[効果のオプション(E)...]**をクリック。

(4) **[効果]**、**[タイミング]**、**[テキスト アニメーション]**を設定します。

(5) 最後に、**[OK]**をクリック。

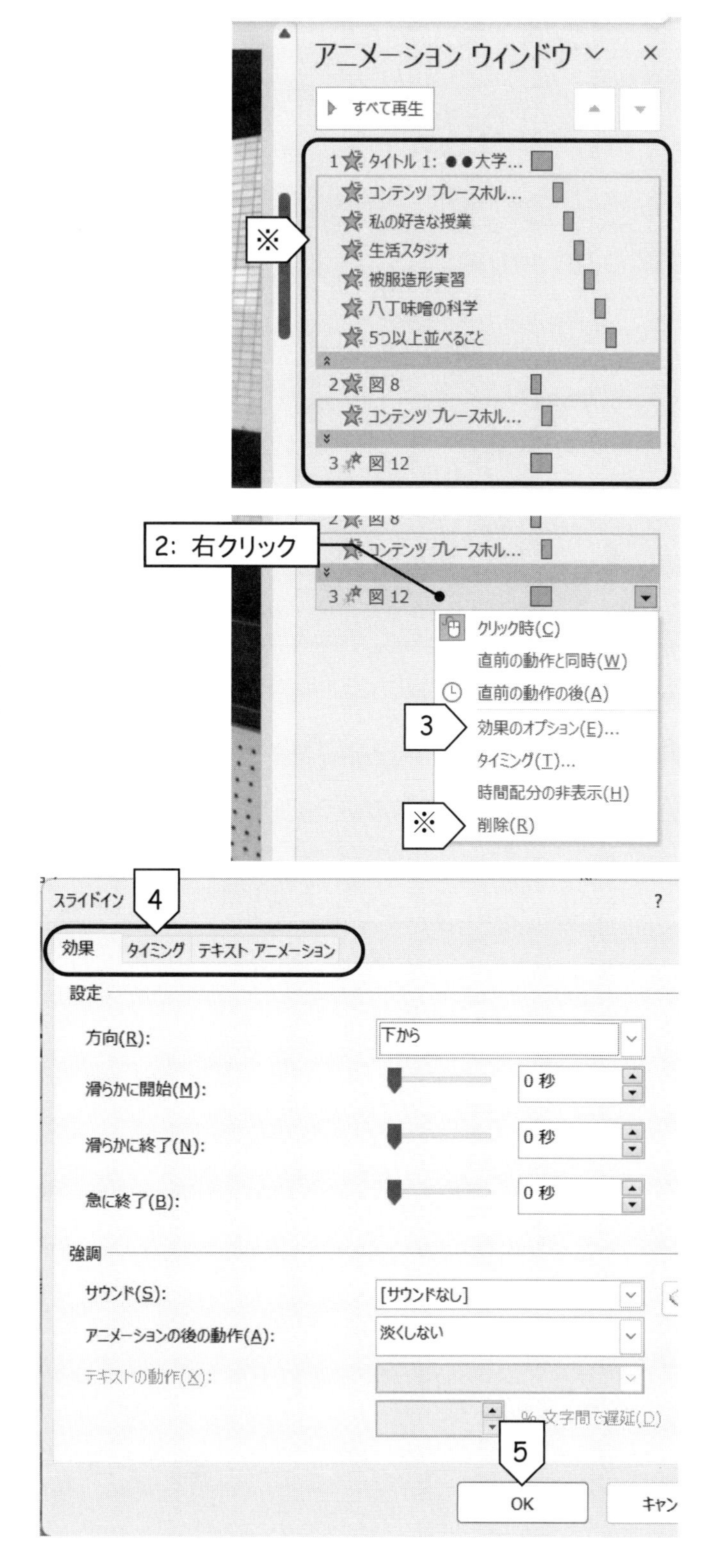

演習 16 近未来希望図 (その 2: アニメーションを設定して完成)

「近未来希望図」に、スライド「5 年後」を追加して、アニメーションを設定します。

---

(1) PowerPoint を起動して、「近未来希望図」を開きます。

(2) 以下の手順に従って、3 枚目のスライド「5 年後」を追加します。

1) **[ホーム]**タブ→**[新しいスライド▼]**→**[2 つのコンテンツ]**。サムネイルで 3 枚目にします。

2) 上のサンプルを参考に、タイトルおよび箇条書きを入力し、2 つのテキスト ボックスの塗りつぶしを設定します。

3) 図形を 1 つ以上と、2 つ以上のオリジナルの写真を挿入します。

4) 3 枚目のスライドの画面切り替えを設定します。

5) 改めて、このプレゼンテーションを上書き保存し、スライドショーします。

(3) 以下の手順に従って、3 枚目のスライド「5 年後」の左のテキスト ボックスに、アニメーションを設定します。

▶ 「3.1 アニメーションの追加 (p. 80)」と「3.2 アニメーションの編集 (p. 81)」が、参考になります。

1) **[アニメーション]**タブをクリック。

2) スライド ペインで、左のテキスト ボックスをクリック。

3) **[アニメーションの追加▼]**→**[スライドイン]**。

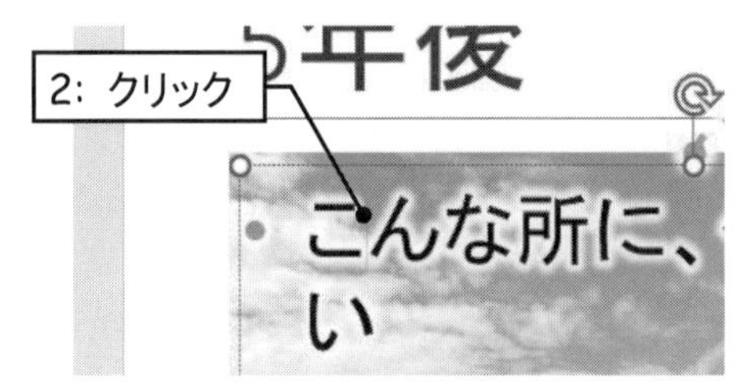

4) アニメーション ウィンドウで、追加したアニメーションを右クリック→**[効果のオプション(E)...]**。

5) 「方向(R):」を「**左から**」にします。

6) **[タイミング]**をクリック。

7) 「開始(S):」を「**クリック時**」にします。

8) 「継続時間(N):」を「**0.5 秒(さらに速く)**」にします。

9) **[OK]**をクリックし、改めて、このプレゼンテーションを上書き保存し、スライドショーします。

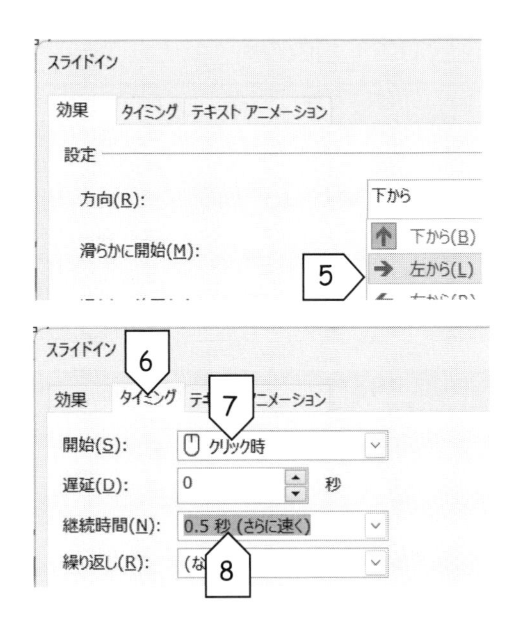

(4) 以下の手順に従って、3 枚目のスライド「5 年後」のタイトルに、アニメーションを設定します。

1) スライド ペインで、タイトル「5 年後」をクリック。

2) **[アニメーションの追加▼]**→**[ホイール]**。

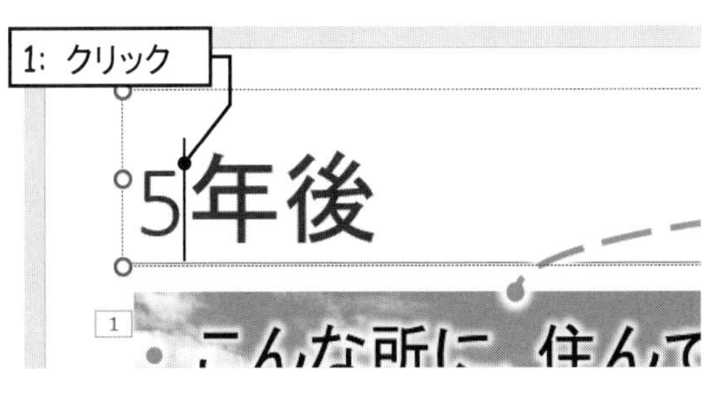

3) アニメーション ウィンドウで、「タイトル」をドラッグ&ドロップして、最初のアニメーションに設定します。

4) アニメーション ウィンドウで、「タイトル」のアニメーションを右クリック→**[効果のオプション(E)...]**→**[効果]**。

5) 「スポーク(K):」を「**3 スポーク**」にし、「テキストの動作(X):」を「**文字単位で表示**」で、「**50**」「%文字間で遅延(D)」にします。

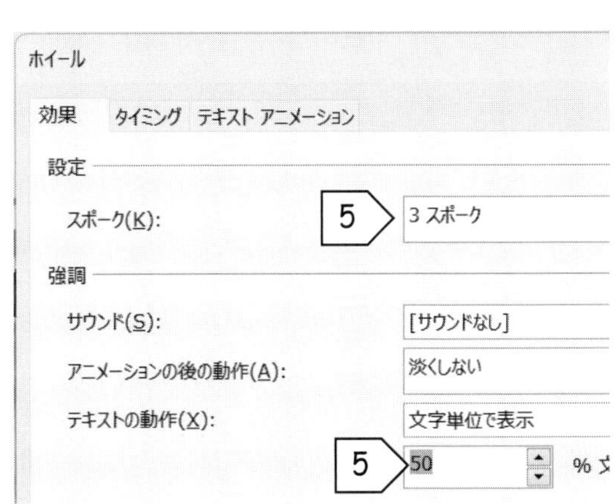

6) **[タイミング]**をクリックし、「開始(S):」を「**クリック時**」、「継続時間(N):」を「**1 秒(早く)**」にします。

7) **[OK]**をクリック。

8) 改めて、このプレゼンテーションを上書き保存し、スライドショーします。

(5) (3)、(4)と同じ方法で、右のテキスト ボックスや図にも、アニメーションを設定します。

(6) 以下の手順に従って、プレゼンテーション「近未来希望図」を印刷プレビューします。

1) **[ファイル]**タブ→**[印刷]**。

2) **[フルページサイズのスライド]**をクリックして、

3) **「スライドに枠を付けて印刷する(F)」**をクリックして、チェックを付けます。

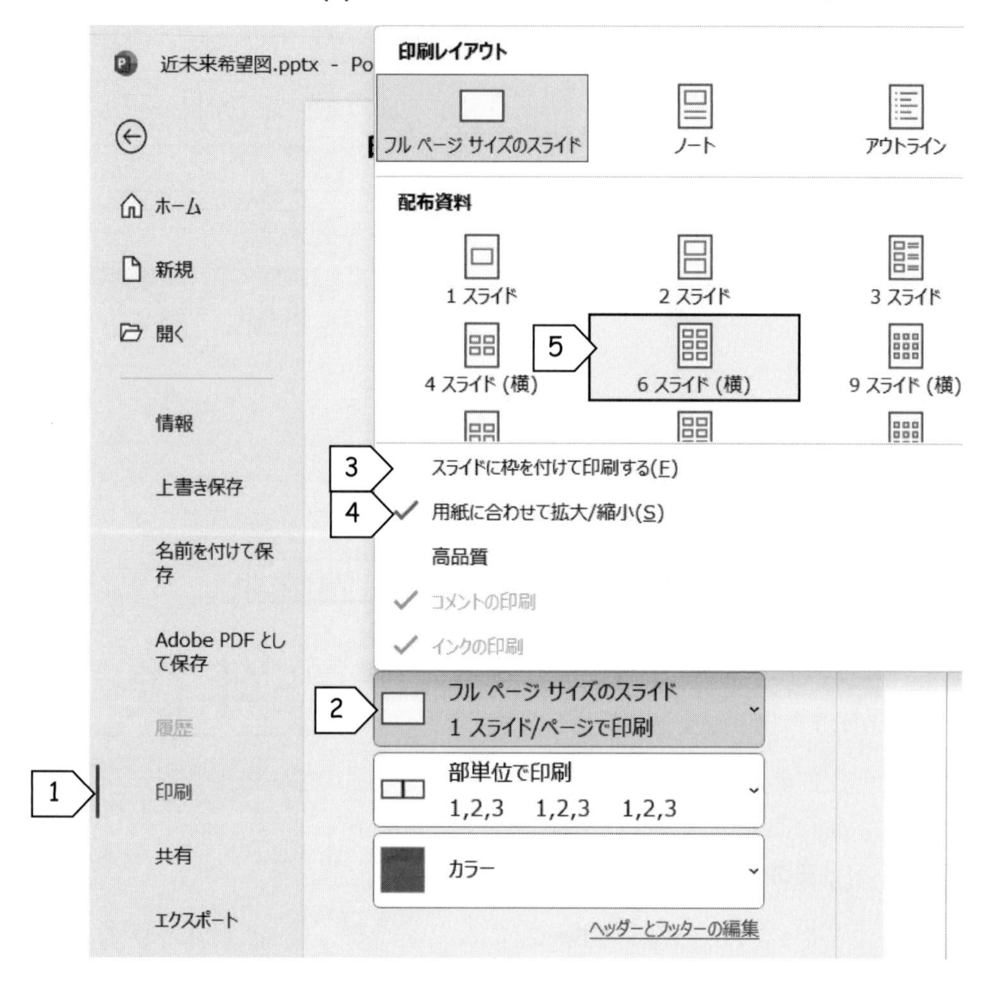

4) **[フルページサイズのスライド]**→**「用紙に合わせて拡大/縮小(S)」**。チェックを付けます。

5) **[フルページサイズのスライド]**→**[6 スライド(横)]**。

▶ 特に PowerPoint では、印刷前に、必ず印刷プレビュー（印刷イメージ）を確認して下さい。

(7) 改めて、このプレゼンテーションを上書き保存し、PowerPoint を終了します。

演習 17　大学紹介プレゼンテーション(その 4: 完成編)

「大学の紹介」に、スライド「来年は、どうか...」を追加して、完成させます。

---

(1) PowerPoint を起動して、「大学の紹介」を開きます。

(2) 以下の手順に従って、4 枚目のスライド「来年は、どうか...」を追加します。

1) **[ホーム]**タブ→**[新しいスライド▼]**→**[タイトルとコンテンツ]**。サムネイルで 4 枚目にします。

2) スライドのタイトルとして、「来年は、どうか...」を入力します。

3) テキスト ボックスに「こうなりたい。こうなって欲しい。」を入力します。その下に、あなたの考えを箇条書きします。

4) 図形を 1 つ以上と、2 つ以上のオリジナルの写真を挿入します。

5) 4 枚目のスライドの画面切り替えを設定します。

6) 改めて、このプレゼンテーションを上書き保存し、スライドショーします。

(3) 4 枚目のスライドに配置した 3 つ以上のオブジェクトに、アニメーションを設定します。

▶ 「3.1 アニメーションの追加（p. 80)」と「3.2 アニメーションの編集（p. 81)」が、参考になります。

(4) プレゼンテーション「大学の紹介」に、以下の印刷条件を設定し、印刷プレビューします。

▶ 「2.3 印刷（p. 63)」が、参考になります。

1) 「印刷レイアウト」を**[6 スライド(横)]**にします。

2) 「印刷レイアウト」で、「**スライドに枠を付けて印刷する(F)**」を設定します。

3) 「印刷レイアウト」で、「**用紙に合わせて拡大/縮小(S)**」を設定します。

4) **[ファイル]**タブ→**[印刷]**で印刷プレビューを表示して、印刷設定を確認します。

(5) 改めて、このプレゼンテーションを上書き保存し、PowerPoint を終了します。

Windows Word PowerPoint **Excel**

volume 4　Text of Excel

chapter 8　Excel は集計表（シート）がベース

1. 始め方と終わり方 ・・・・・・・・・・・・・・・・・・・・ 88

2. データの入力、削除、編集 ・・・・・・・・・・・・・・・ 90

3. シートの保存と開く ・・・・・・・・・・・・・・・・・・ 94

4. ページ設定と印刷プレビューと印刷 ・・・・・・・・・・・ 96

chapter 9　計算と表の飾り方（書式）

1. 計算は、数式に従って行われる ・・・・・・・・・・・・100

2. 行ごと・列ごとの編集（挿入、削除、列幅変更） ・・・106

3. セルごとの書式設定 ・・・・・・・・・・・・・・・・・108

chapter 10　グラフとデータベース

1. グラフ ・・・・・・・・・・・・・・・・・・・・・・・・・120

2. データベースの基本（Sort と Select）は、
Excel で覚える ・・・・・・・・・・・・・・・・・・・・126

chapter 8

Excel は集計表(シート)がベース

Excel は、世界中で広く用いられている表計算ソフトの 1 つです。表計算ソフトとは、私たちが日頃活用している表をコンピュータの中に広げ、手軽に処理を行うプログラムです。Excel には、計算機能に加え、グラフの作成や、入力したデータを有効に利用するためのデータベース機能などが組み込まれています。

1. 始め方と終わり方

1.1 始め方

(1) [スタート]ボタンをクリック。

(2) [すべてのアプリ >]をクリック。

(3) [Excel]をクリック。

(4) [空白のブック]をクリック。

※ 次ページに示す「Excel のウィンドウ」が現れます。

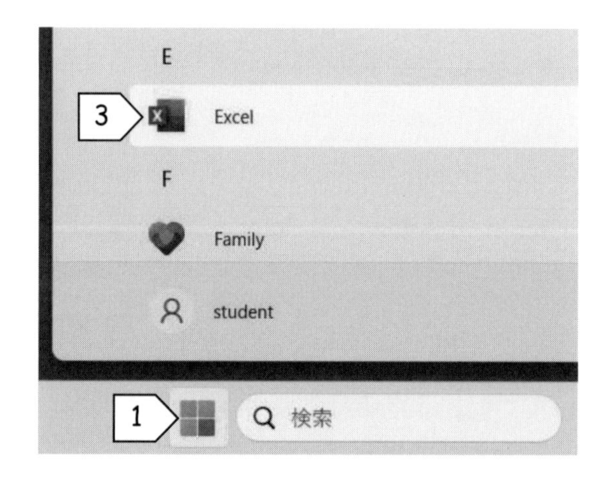

1.2 終わり方

(1) ウィンドウ右上の [×] をクリック。

※ 終了時に、開いているシートについて、保存するか問われたら、適宜判断します。

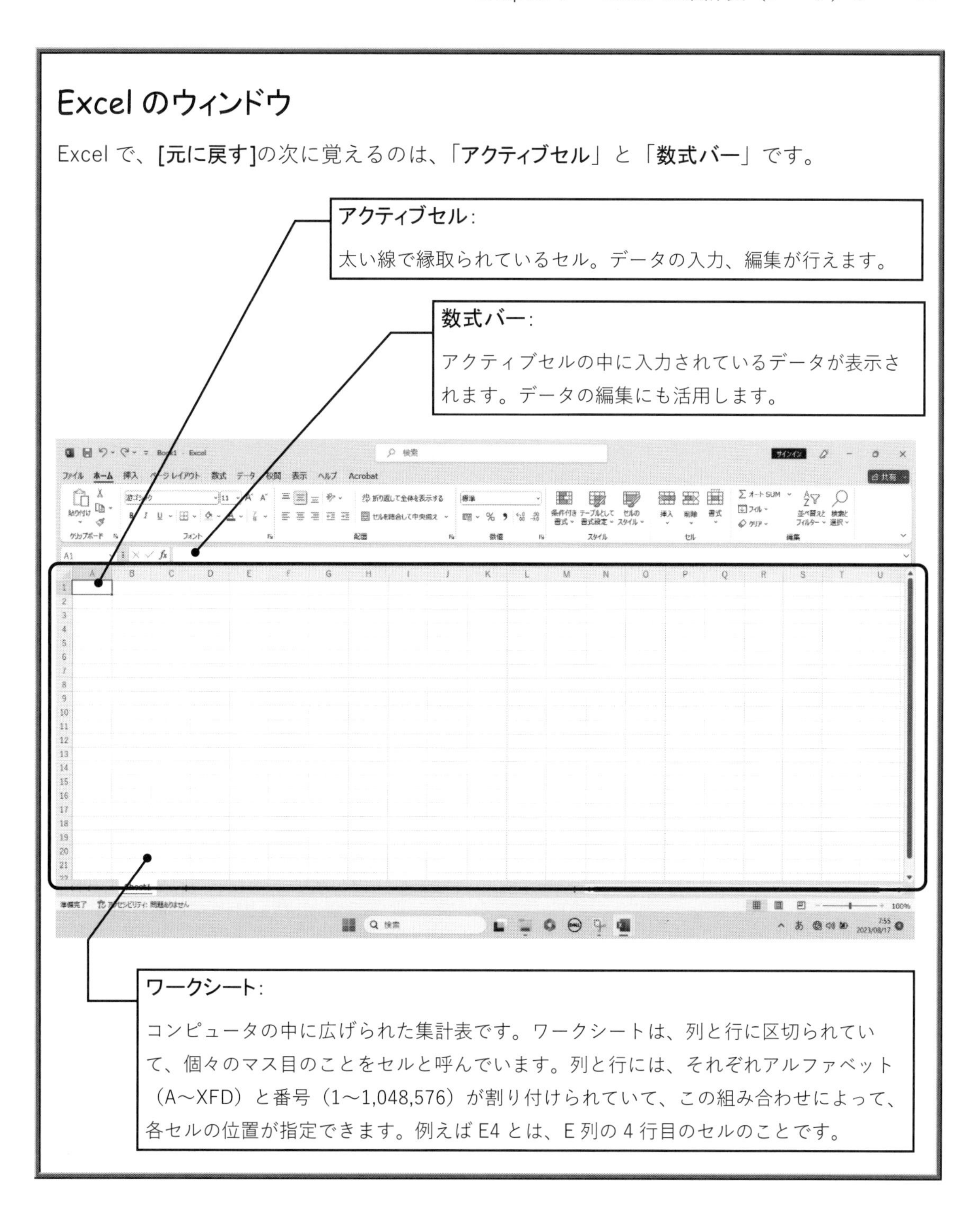

Excel のウィンドウ

Excel で、**[元に戻す]**の次に覚えるのは、「**アクティブセル**」と「**数式バー**」です。

アクティブセル：
太い線で縁取られているセル。データの入力、編集が行えます。

数式バー：
アクティブセルの中に入力されているデータが表示されます。データの編集にも活用します。

ワークシート：
コンピュータの中に広げられた集計表です。ワークシートは、列と行に区切られていて、個々のマス目のことをセルと呼んでいます。列と行には、それぞれアルファベット（A～XFD）と番号（1～1,048,576）が割り付けられていて、この組み合わせによって、各セルの位置が指定できます。例えば E4 とは、E 列の 4 行目のセルのことです。

間違えたら、[元に戻す]

Excel にも、**[元に戻す]**と**[やり直し]**があります。何でも最初は間違えが多いもの。「こんなはずじゃなかった」と感じたら、即、**[元に戻す]**をクリックです。

2. データの入力、削除、編集

アクティブセルと数式バーがチェックできたら、次は、データの入力、削除、編集です。

2.1 データの入力は、アクティブセル→入力→[Enter]

(1) データを入力するセルを、**アクティブセル**にします。

> ※ アクティブセルは、クリックか、カーソルキー[↑][↓][←][→] で動かします。

(2) キーボードからデータを入力。

> ※ セルと数式バーの 2 か所に、データが表示されます。

(3) [Enter]。

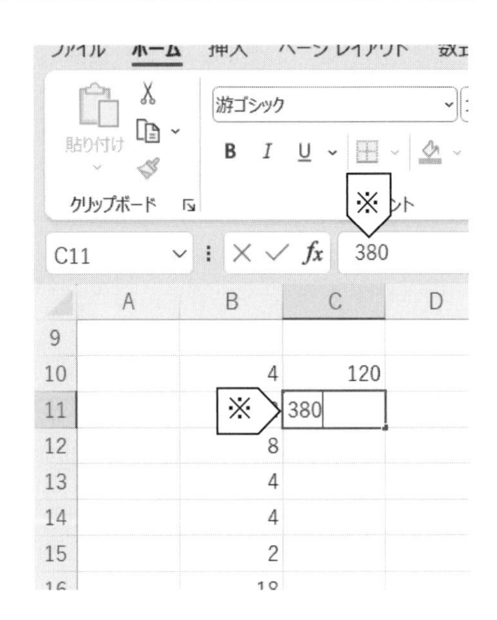

2.2 データの消去は、ドラッグ&ドロップ→[Delete]

(1) 消したいデータの**セル範囲を選択**します。

> ※ セル範囲の選択は、ドラッグ&ドロップか、[Shift]+カーソルキーで行います。「セル範囲の選択は、ドラッグ&ドロップか[Shift]+カーソルキー（p. 92）」が、参考になります。
>
> ※ セルが 1 つの場合は、クリック。

(2) [Delete]。

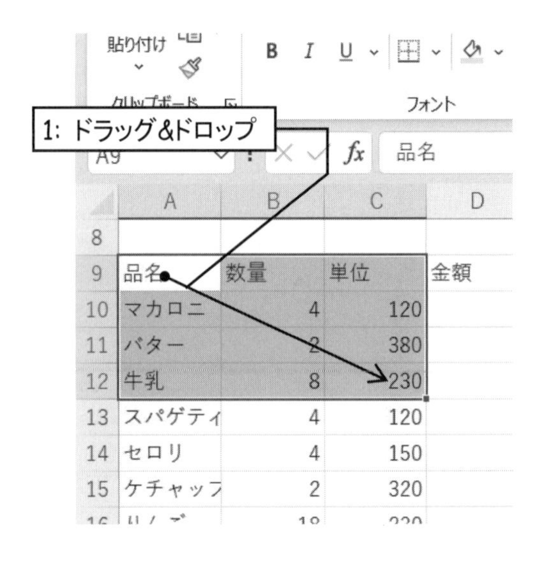

2.3 データの編集は、アクティブセル→数式バー

(1) 編集したいデータのセルを、**アクティブセル**にします。

> ※ アクティブセルのデータは、数式バーにも現れます。

(2) **数式バー**のデータをクリック。

> ※ 数式バーの中に、カーソルが立ちます。
> ※ 数式バーは、小さなメモ帳です。挿入や削除など、自由に編集が行えます。

(3) 数式バー内で、データを編集します。

(4) [Enter]。

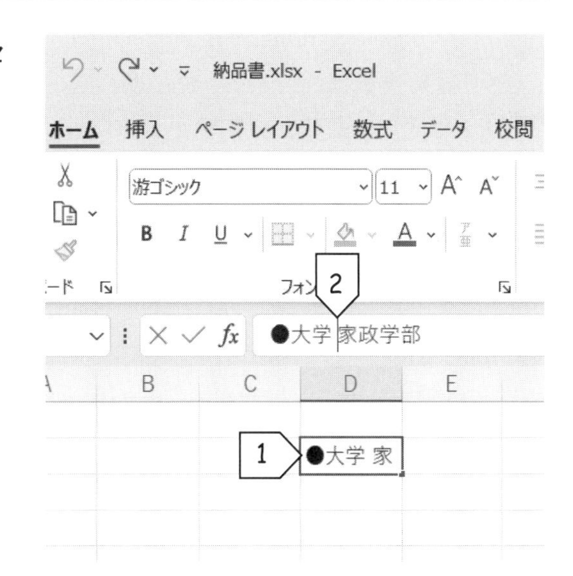

2.4 セルのコピー&ペーストは、ドラッグ&ドロップ→右クリック→

(1) コピーしたい**セル範囲**を**ドラッグ&ドロップ**して、**右クリック**。

> ※ セルが 1 つの場合は、直接右クリック。

(2) [**コピー(C)**]をクリック。

> ※ [**切り取り(T)**]をクリックすれば、データの移動ができます。

(3) 貼り付けたい**セル範囲**を**ドラッグ&ドロップ**して、

(4) **右クリック**。

> ※ セルが 1 つの場合は、直接右クリック。

(5) [**貼り付け**]をクリック。

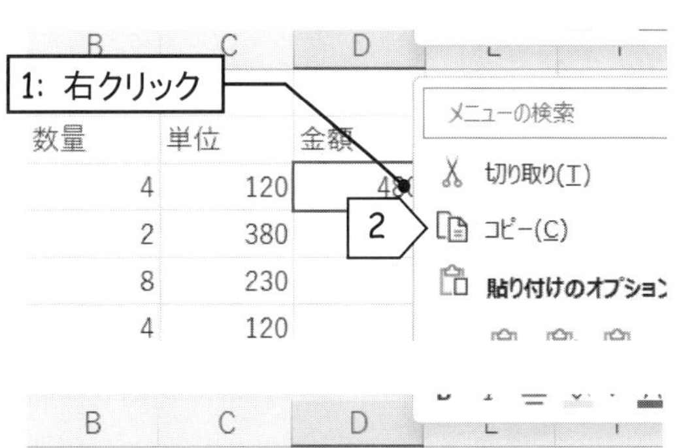

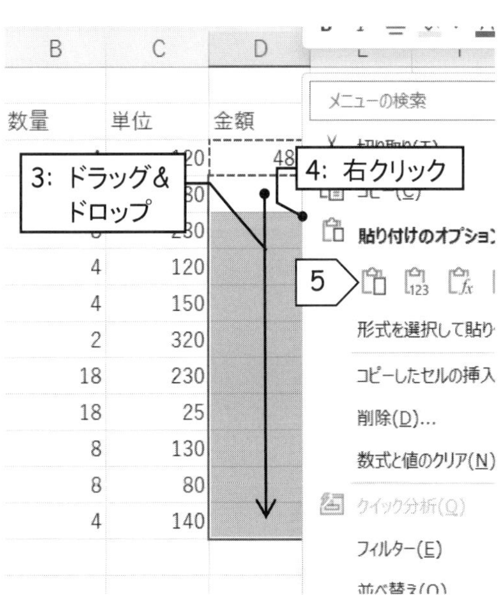

セル範囲の選択は、ドラッグ&ドロップか[Shift]+カーソルキー

セル範囲の選択は、マウスかキーボードで行います。マウスでは、先頭のセルをドラッグして、最後でドロップです。キーボードの場合は、先頭のセルをアクティブセルにして、後は[Shift]を押しながらカーソルキー：↑↓ ← →で、範囲が選択できます。
選択した範囲は、太線で囲まれます。他のセルをアクティブセルにすると、選択は解除されます。

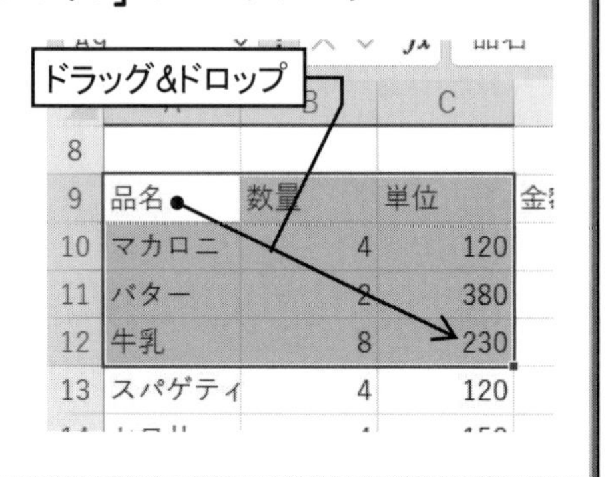

[Ctrl]を使えば、離れた範囲も一緒に選択

セル範囲が一部離れていても、[Ctrl]を使えば、一緒に選択することができます。
1つ目は通常の方法で選択し、2つ目以降は、[Ctrl]を押しながら選択します。

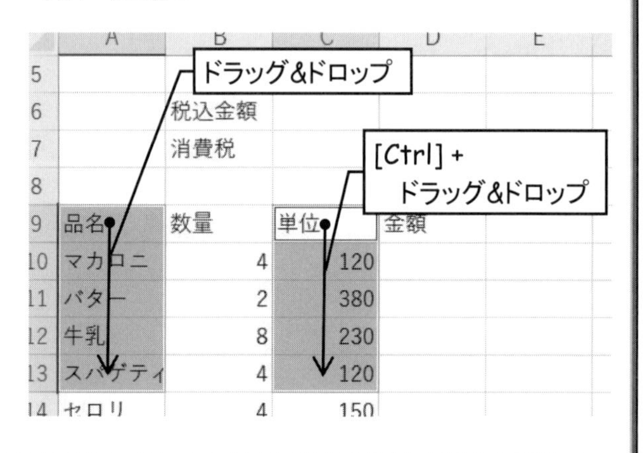

セルのコピーは、フィルハンドルでも可能

フィルハンドルを使えば、隣接するセルにデータをコピーすることや、連続番号を振ることができます。
フィルハンドルとは、アクティブセルあるいは選択されているセル範囲の右下に付いている小さい四角のことです。このハンドルをポイントすると、マウスポインタの形が黒十字に変わります。黒十字になったらドラッグ&ドロップで、データのコピーや連続データの作成が行えます。
うまく行かなかったら、[元に戻す]して、リベンジです。

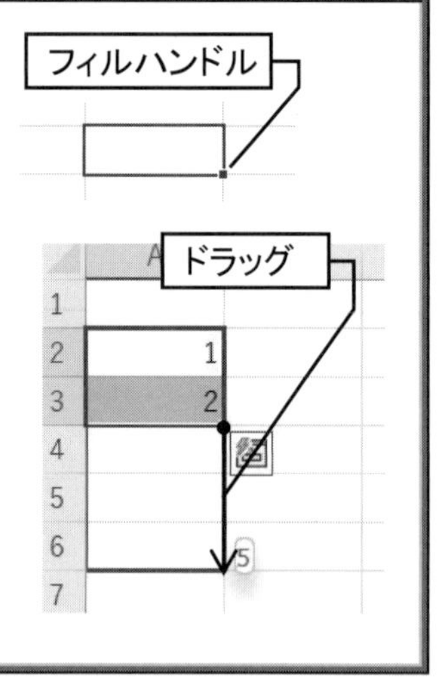

演習 18　納品書　（その 1）

それでは、実際に Excel を使ってみます。

(1) **[スタート]**ボタン→**[すべてのアプリ ›]**→**[Excel]**→**[空白のブック]**を選択して、Excel を起動します。

(2) 右のデータを入力します。

▶ 「2. データの入力、削除、編集（p. 90〜）」が、参考になります。

	A	B	C	D	E
1					
2	納品書				
3	様・御中				
4				愛知●●株式会社	
5					
6		税込金額			
7		消費税			
8					
9	品名	数量	単位	金額	
10	マカロニ	4	120		
11	バター	2	380		
12	牛乳	8	230		
13	スパゲティ	4	120		
14	セロリ	4	150		
15	ケチャップ	2	320		
16	りんご	18	230		
17	食パン	18	25		
18	トマト	8	130		
19	オレンジ	8	80		
20	豆腐	4	140		
21	小計				

(3) 作成したシートに、ファイル名「**納品書**」を付けて保存します。

▶ 次ページの「3.1 シートを保存する」が、参考になります。

(4) Excel を終了します。

日本語を入力する場合は、[A]を[あ]に

画面右下のバーにある**[A]**をクリックして**[あ ひらがな]**モードにします。**[あ]**になれば、日本語が入力できます。**[あ]**をクリックすれば、**[A 半角英数字]**モードに戻ります。

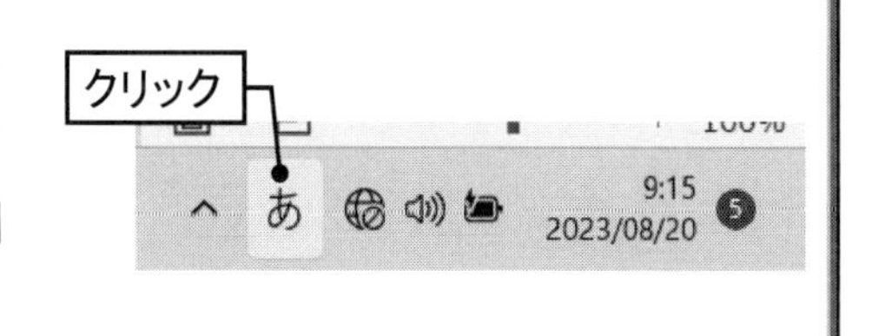

3. シートの保存と開く

作成したシートを、ファイルとして保存する方法と、改めて呼び出す(開く)方法を紹介します。

3.1 シートを保存する

(1)　**[ファイル]**タブ→**[名前を付けて保存]**→**[参照]**。

(2)　シートを保存するフォルダーを指定します。

(3)　「**ファイル名(N):**」を入力します。

(4)　**[保存(S)]**をクリック。

困ったら、[キャンセル]か[Esc]

Excel でも、**[キャンセル]**と**[Esc]**が使えます。何か間違えて、操作方法が分からなくなってしまったら、すぐ、**[キャンセル]**か**[Esc]**を押します。

3.2 シートを開く

(1) [ファイル]タブ→[開く]→[参照]。

(2) シートが保存されているフォルダーを指定します。

(3) 目的のファイル名をクリック。

> ※ 目的のファイル名に枠が付き、その名前が「**ファイル名(N):**」に入ります。

(4) [開く(O)]をクリック。

既にファイル名が付いている場合は、[上書き保存]で OK

ファイル名が付いているシートを開き、修正して、保存し直す場合は、**[ファイル]**タブ→**[上書き保存]**で OK です。修正前のシートを残す必要がある場合は、**[ファイル]**タブ→**[名前を付けて保存]**を選び、別のファイル名を付けます。

4. ページ設定と印刷プレビューと印刷

印刷は、Word と同様「**ページ設定**」、「**印刷プレビュー**」を繰り返してから行います。

1 ページ設定	印刷する紙のサイズなど、1 ページの書式を設定します。
2 印刷プレビュー	作成したシートの印刷結果をウィンドウに表示します。
3 印刷	実際に、紙に印刷します。

4.1 ページ設定

(1) **[ページ レイアウト]**タブをクリック。

(2) 「**ページ設定**」欄の**右下のアイコン** をクリック。

(3) **[ページ]**をクリック。

(4) 「**印刷の向き**」を設定します。

(5) 「**用紙サイズ(Z):**」を設定します。

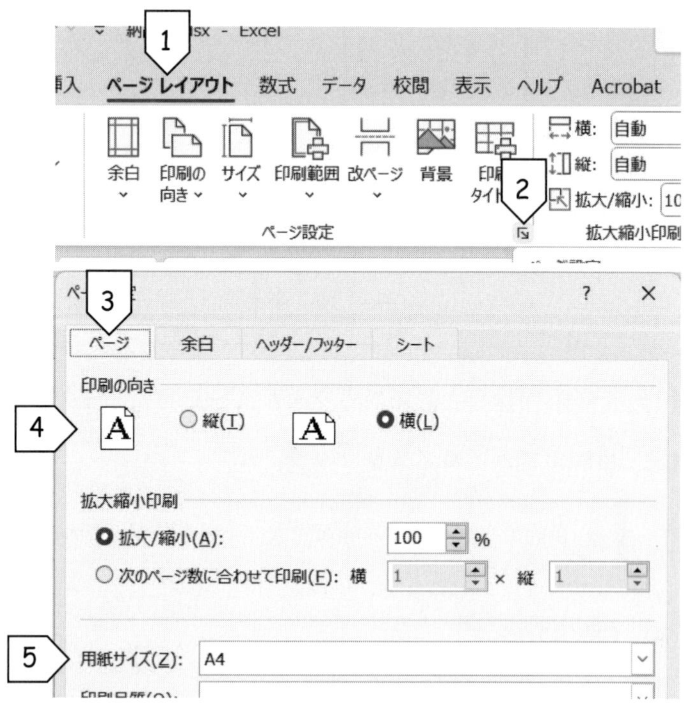

(6) [**余白**]をクリック。

(7) 「**上(T):**」、「**下(B):**」、「**左(L):**」、「**右(R):**」などの余白を設定します。

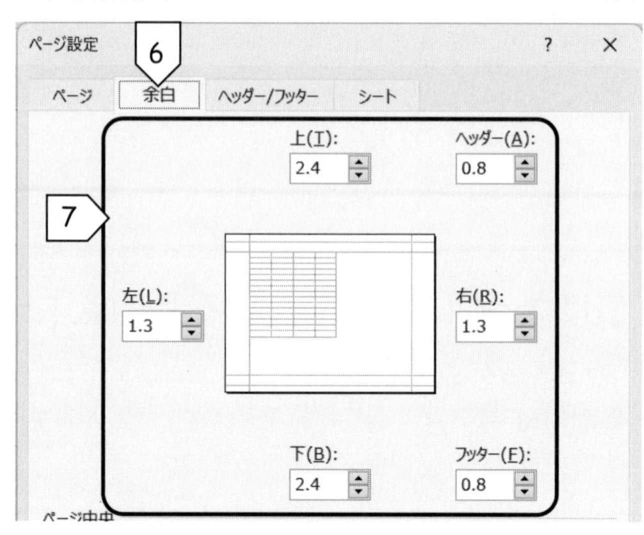

(8) **[ヘッダー/フッター]**をクリック。

(9) **[ヘッダーの編集(*C*)...]**をクリック。

> ※ 下の「ヘッダー」ダイアログボックスが現れます。

(10) ヘッダーの各項目を設定して**[OK]**をクリック。

(11) **[OK]**をクリック。

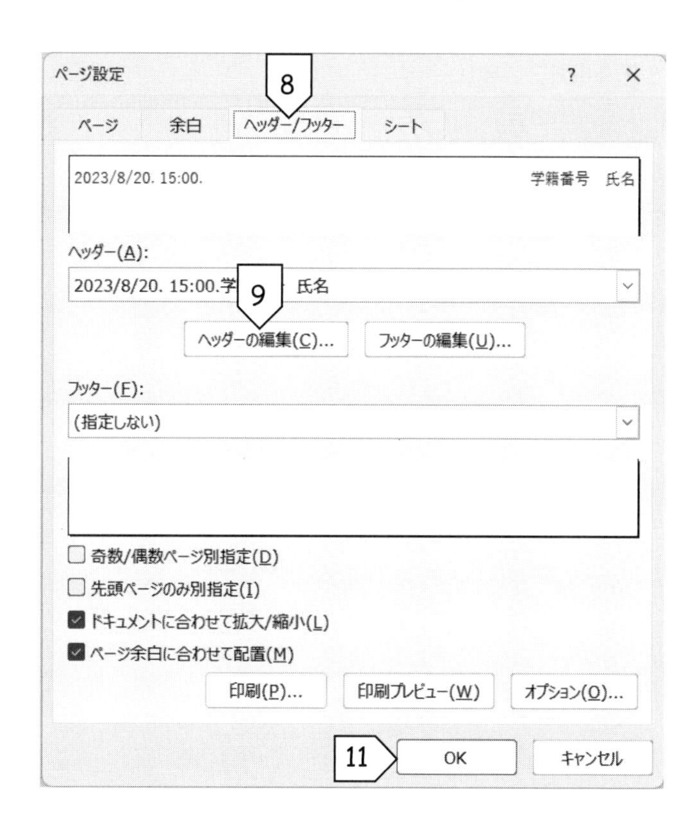

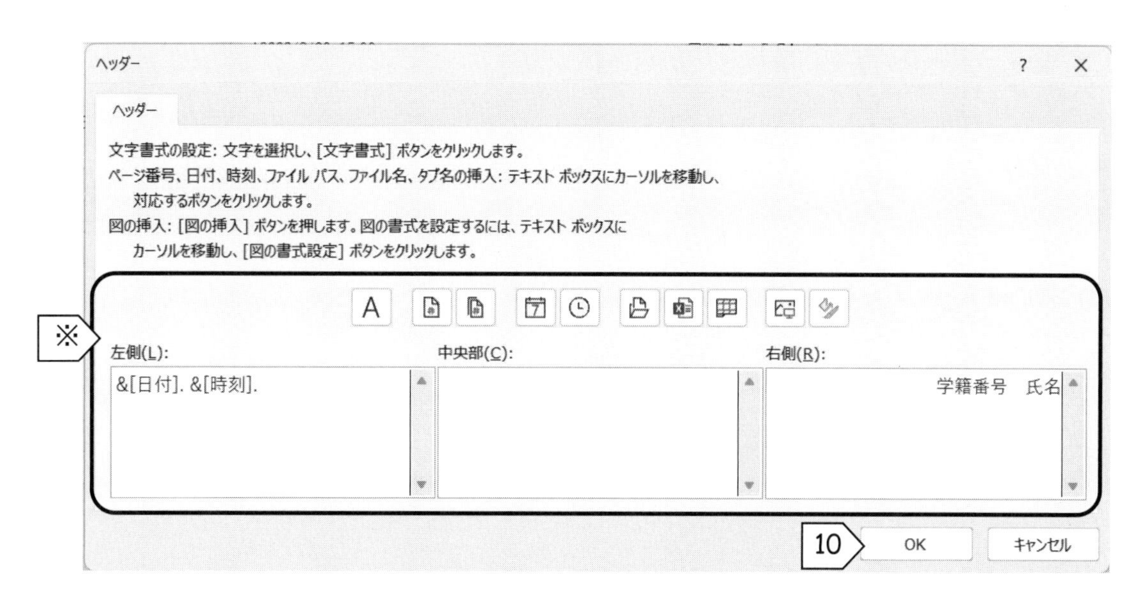

4.2 印刷プレビュー

(1) [ファイル]タブ→[印刷]。

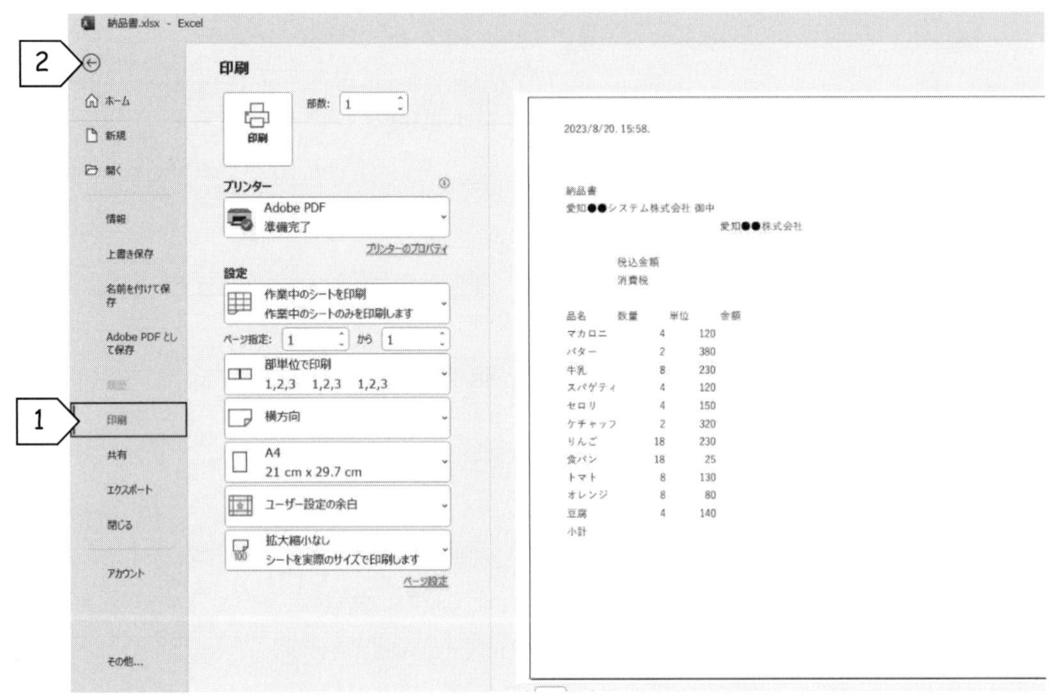

(2) 印刷イメージの確認が終わったら、[←]をクリック。

4.3 印刷

(1) [ファイル]タブ→[印刷]。

(2) 「ページ指定:」を設定します。

(3) [印刷]ボタンをクリック。

※ 印刷が始まります。

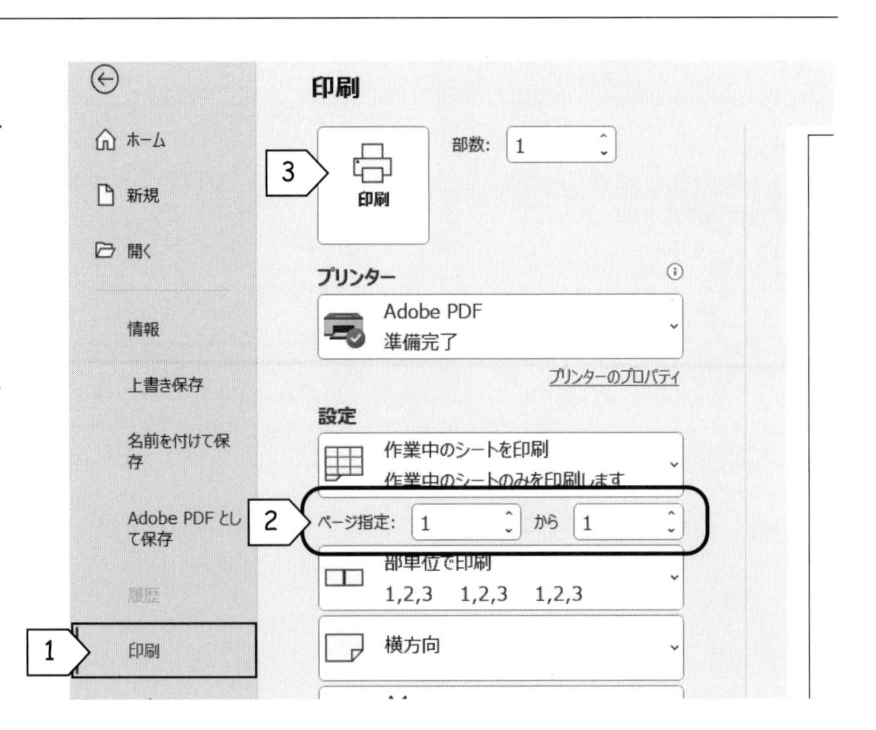

演習 19　納品書　(その 2: データの編集とページ設定)

「納品書」を使って、データの編集、コピー＆ペーストやページ設定を演習します。

(1) Excel を起動して、「納品書」を開きます。

▶ 「3.2 シートを開く(p. 95)」が、参考になります。

(2) セル *A3* の「様・御中」を、「**愛知●●システム株式会社 御中**」に修正します。

▶ 「2.3 データの編集は、アクティブセル→数式バー（p. 91)」が、参考になります。

(3) 以下の手順に従って、セル *B7* の「**消費税**」をセル *C22* に**コピー**します。

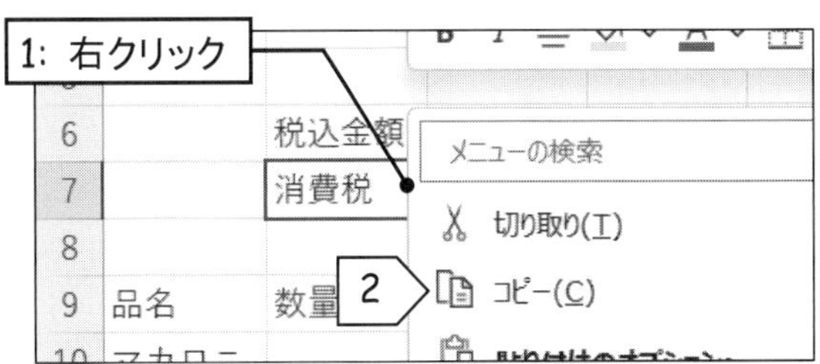

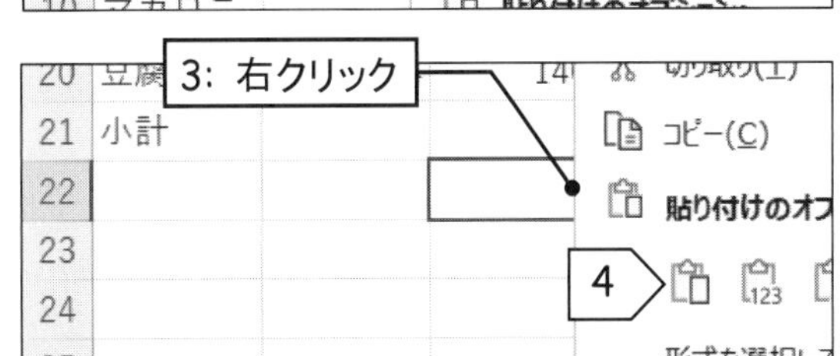

▶ 「2.4 セルのコピー&ペーストは、ドラッグ&ドロップ→右クリック→（p. 91)」が、参考になります。

1) セル *B7* を**右クリック**して、

2) **[コピー(*C*)]**。

3) セル *C22* を**右クリック**して、

4) **[貼り付け]**。

5) セル *B6* の「**税込金額**」をセル *C23* に**コピー**します。

(4) 以下の手順に従って、「納品書」のページ設定を行います。

▶ 「4.1 ページ設定（p. 96)」が、参考になります。

1) **[ページ レイアウト]**タブ→**[ページ設定]** →**[ページ]**。

2) 「印刷の向き」を「**横(L)**」に、「用紙サイズ(Z):」を「*A4*」にします。

3) **[余白]**をクリックして、「上(T):」と「下(B):」を「**2.4**」に、また、「左(L):」と「右(R):」を「**1.3**」にそれぞれ設定します。

4) **[OK]**をクリック。

(5) **[ファイル]**タブ→**[印刷]**を選択して、印刷結果を確認します。

▶ 前ページの「4.2 印刷プレビュー」が、参考になります。

▶ 設定に間違いがあれば、改めてページ設定をやり直します。

(6) 改めて、このシートを上書き保存し、Excel を終了します。

chapter 9

計算と表の飾り方(書式)

Excel は、表計算ソフトです。表計算ソフト本来の「計算機能」と「見栄えの良い表を作るための設定方法」を紹介します。

1. 計算は、数式に従って行われる

Excel では、単純な四則演算から複雑な統計解析まで様々な計算が、数式によって行われます。数式は、必ず等号(=)から始まり、「関数」や「セル」などによって構築されています。

1.1 数式の入力は、[A 半角英数字]→アクティブセル→[=]から

(1) 画面右下にあるツールバーが、**[A 半角英数字]**モードになっていることをチェック。

> ※ 数式は、**[A 半角英数字]**が基本です。

(2) 計算結果を表示させるセルを**アクティブセル**にします。

(3) 「=」を入力。

(4) キーボードとマウスを使って、数式を入力。

(5) 最後に、**[Enter]**。

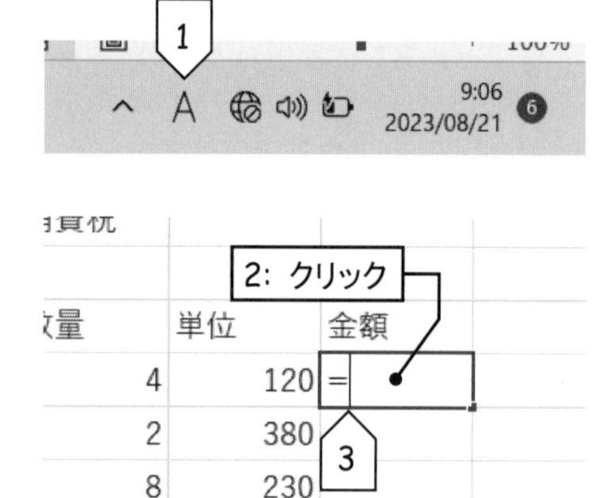

関数は、関数名と引数で構成されている

関数は、関数名と引数の 2 つによって構成されています。引数は関数の材料で、関数名の後にカッコに入れて並べます。
右の例では、**SUM** が関数名で、**D10:D20** が引数です。

1.2 数式の材料 ： 定数、セル参照、関数

(1) 定数

特定の数値や文字列を、定数（定まった値）として入力できます。

※ 文字列を定数とする場合は、二重引用符（"）で囲みます。

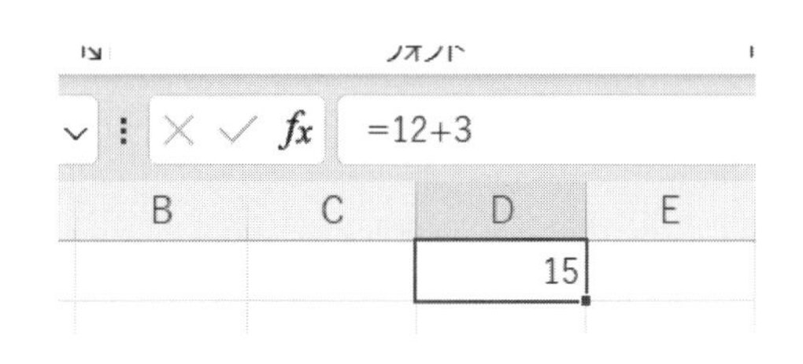

※ 12 に 3 を加えた結果 **15** を返しています。

(2) セル参照

C1 のように、「**列を表すアルファベット**」と「**行を表す番号**」で 1 つのセルを指定し、その中のデータを計算で活用（参照）します。

※ セルの指定には、マウスやカーソルキーを使います。

※ 通常の相対参照と、ドルマーク$を付けた絶対参照があります。
「$を付けた絶対参照のセルは、コピー先でも変わらない（p. 103）」が参考になります。

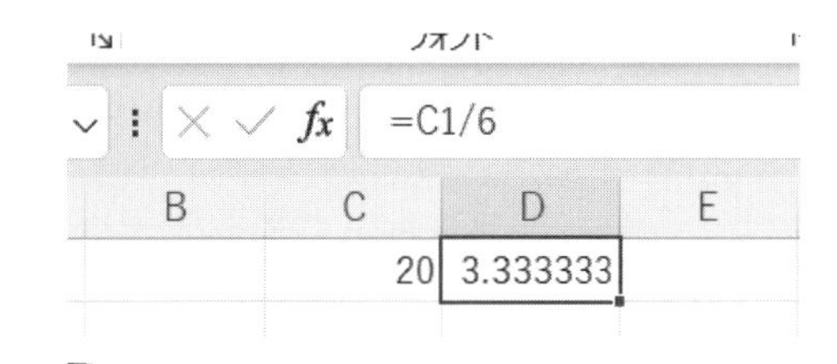

※ セル ***C1*** のデータ 20 を、6 で割った結果 **3.33333** を、返しています。

(3) 関数

関数とは、Excel が用意している計算のための道具です。データを渡すといろいろな計算をしてくれます。

※ 右のサンプルでは、**D10** から **D20** までの 11 個のセルに入っているすべての数値を合計して、その結果 **11630** を返しています。

※ 前ページの「関数は、関数名と引数で構成されている」も参考になります。

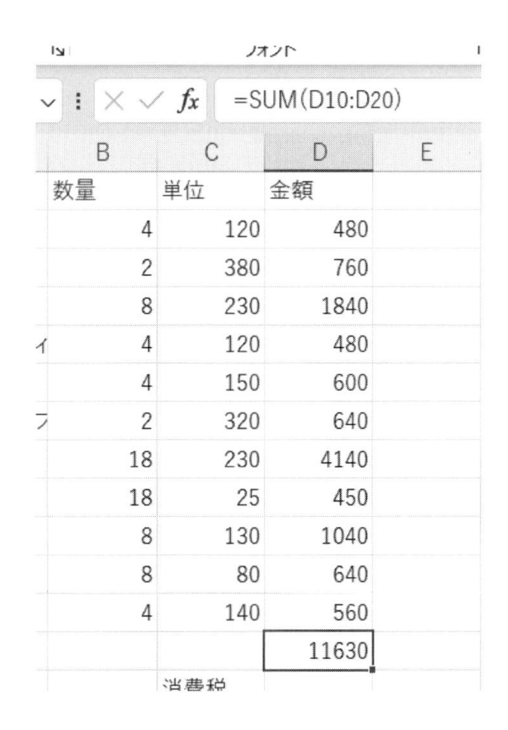

数量	単位	金額
4	120	480
2	380	760
8	230	1840
4	120	480
4	150	600
2	320	640
18	230	4140
18	25	450
8	130	1040
8	80	640
4	140	560
		11630

1.3 演算子

足し算を表す「+」や割り算を表す「/」などを、演算子と呼びます。演算子には、「**算術演算子**」、「**比較演算子**」、「**文字列演算子**」、「**参照演算子**」の 4 種類があります。

(1) 算術演算子

四則演算などの基本的な計算を実行します。

算術演算子　（読み方）	機　能
＋　（プラス）	足し算
－　（マイナス）	引き算・負の数
＊　（アスタリスク）	掛け算
／　（スラッシュ）	割り算
^　（キャレット）	べき乗

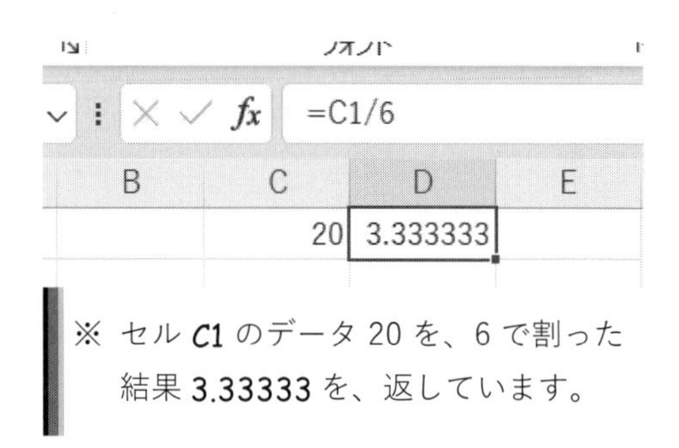

※ セル C1 のデータ 20 を、6 で割った結果 3.33333 を、返しています。

(2) 比較演算子

2 つの値を比較して、その結果が正しければ TRUE を、間違っていれば FALSE を返します。

比較演算子	機　能
=	左辺と右辺が等しい
>	左辺が右辺よりも大きい
<	左辺が右辺よりも小さい
>=	左辺が右辺以上
<=	左辺が右辺以下
<>	左辺と右辺が等しくない

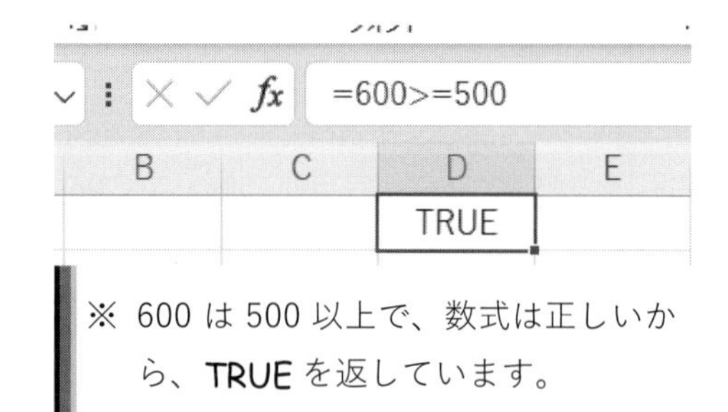

※ 600 は 500 以上で、数式は正しいから、TRUE を返しています。

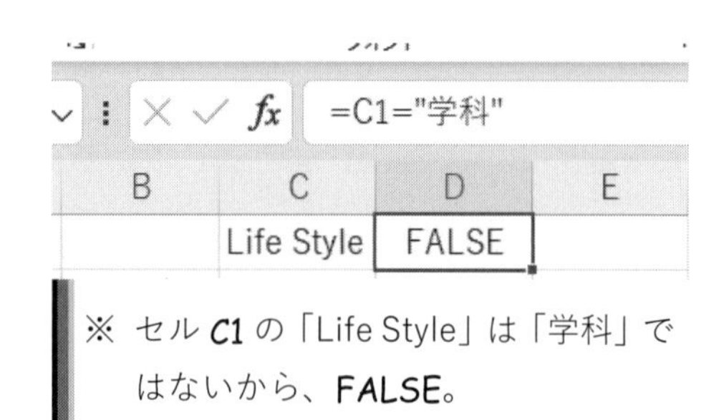

※ セル C1 の「Life Style」は「学科」ではないから、FALSE。

(3) 文字列演算子 &（アンパサンド）

2 つの文字列を連結して、1 つの文字列として返します。

※ 文字列を直接入力する場合は、二重引用符（"）で囲みます。

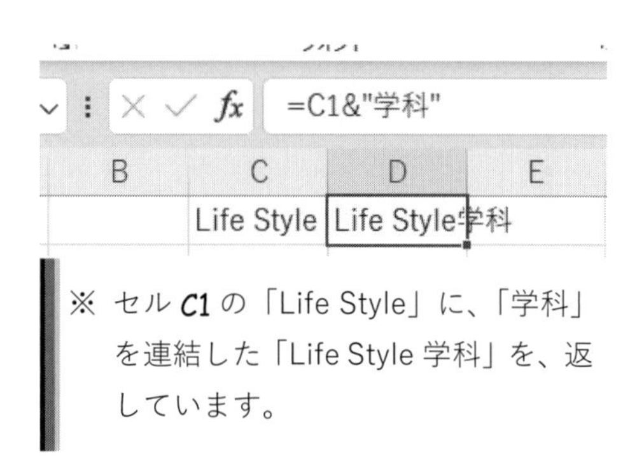

※ セル C1 の「Life Style」に、「学科」を連結した「Life Style 学科」を、返しています。

(4)　参照演算子

計算のために参照されるセル範囲を返します。

参照演算子　（読み方）	機　能
:　　　　（コロン）	前後のセルによって指定される長方形のブロックを、1 つのセル範囲として返します。
,　　　　（カンマ）	2 つ以上のセル範囲を結合して、1 つのセル範囲として返します。
（半角スペース）	前後に指定する 2 つのセル範囲に対して、共有するセルのみをそのセル範囲として返します。

例）=SUM(B5:D6)

B5、B6、C5、C6、D5 および D6 に入力されているすべての数値の合計を返します。

例）=SUM(B5:B15,D5:D15)

B5 から B15 と、D5 から D15 の 22 個のセルに入力されているすべての数値の合計を返します。

例）=SUM(B5:B15　A7:D7)

B5 から B15 と、A7 から D7 の 2 つのセル範囲が重なる（共有する）セル B7 が参照の対象となります。セル B7 に入力されている数値が返されます。

$を付けた絶対参照のセルは、コピー先でも変わらない

数式をコピー&ペーストする場合、数式中のセルは、自動的に書き換えられます（相対参照）。
普通は、それで良いのですが、書き換えられたくない場合もあります。その場合は「列を表すアルファベット」や「行を表す番号」の前にドルマーク$を付ける絶対参照を使います（G13→**$G$13**）。
絶対参照の設定は、セルかセル範囲を選択して、キーボードの**[F4]**を押すのが便利です。

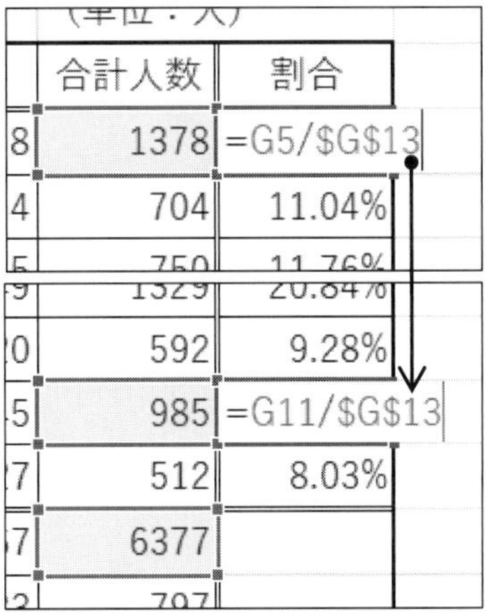

合計人数	割合
1378	=G5/$G$13
704	11.04%
592	9.28%
985	=G11/$G$13
512	8.03%
6377	

※ 相対参照の「G5」は「G11」になっていますが、絶対参照の「$G$13」はそのままです。

演習 20 納品書 (その 3: 計算)

「納品書」の計算を行います。

---

(1) Excel を起動して、「納品書」を開きます。

(2) 以下の手順に従って、各品目の「金額」を計算します。

▶ 「1. 計算は、数式に従って行われる (p. 100〜)」が、参考になります。

1) 「**A 半角英数字**」モードをチェック。

2) セル **D10** をクリックして、

3) 「=」を入力します。

4) セル *C10* をクリックして、

5) 「*」を入力します。

6) セル **B10** をクリック。

7) **[Enter]**。

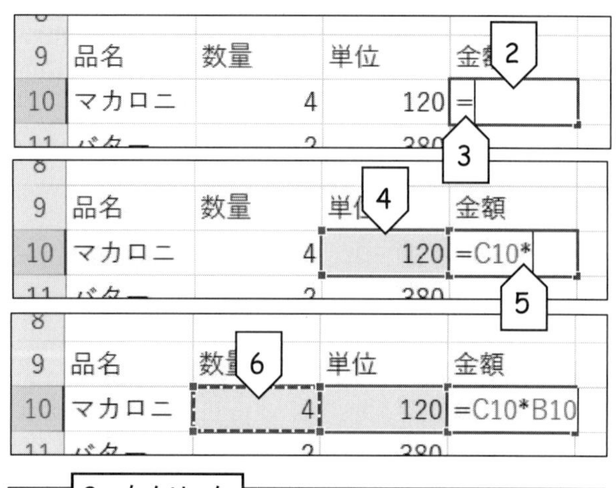

8) セル **D10** を**右クリック**して、

9) **[コピー(C)]**をクリック。

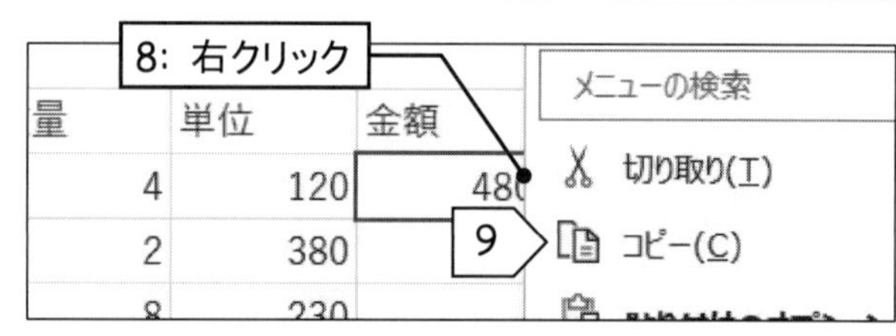

10) セル範囲 **D11:D20** をドラッグ&ドロップして、

11) **右クリック**。

12) **[貼り付け]**をクリック。

▶ 「2.4 セルのコピー&ペーストは、ドラッグ&ドロップ→右クリック→ (p. 91)」が、参考になります。

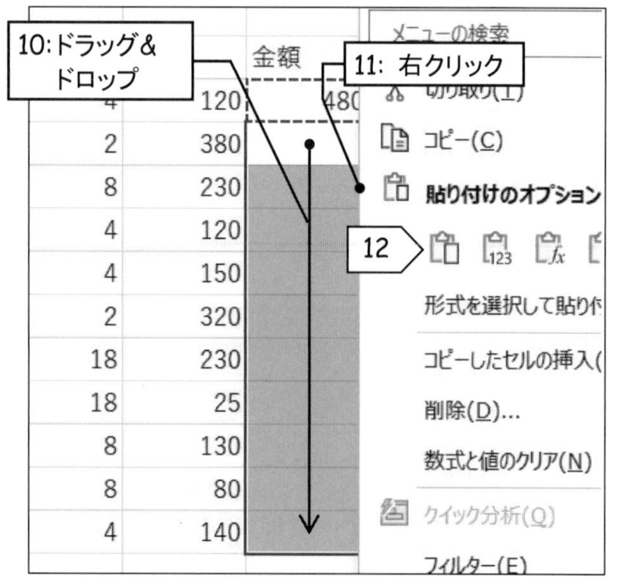

(3) 以下の手順に従って、金額の「合計」を計算します。

▶ 「関数は、関数名と引数で構成されている(p. 100)」が、参考になります。

1) セル **D21** をクリックして、「**=sum(**」を入力。

> ※ =sum(の下に、「**SUM(数値 1, ...** 」が出ない場合は、スペルが間違っています。修正します。

2) セル範囲 **D10:D20** をドラッグ&ドロップ。

3) 「**)**」を入力。

4) **[Enter]**。

(4) 以下の手順に従って、「消費税」を計算します。

1) セル **D22** をクリックして、「**=**」を入力。

2) セル **D21** をクリック。

3) 「***0.08**」を入力して、**[Enter]**。

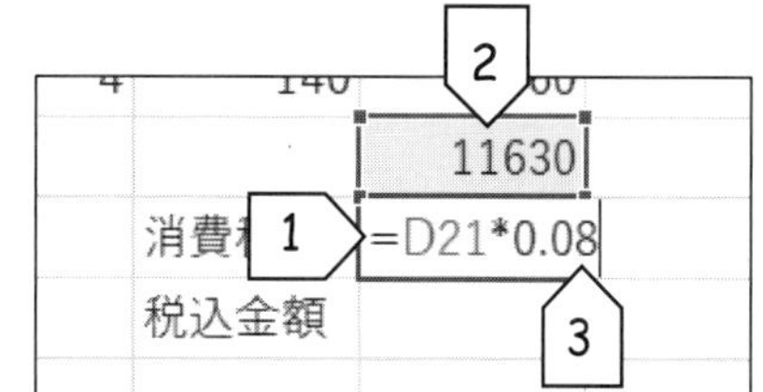

(5) セル **D23** に、「税込金額（ = 合計金額+消費税 ）」を計算します。

(6) 次の指示に従って、データを修正します。

1) セル **C9** に入力した「単位」を、「**単価**」にします。

2) セル **B17** に入力した食パンの数量「18」を、「**16**」にします。

3) セル **C16** に入力したりんごの単価「230」を、「**215**」にします。

4) セル **D22** に入力した数式「=D21*0.08」を、「**=INT(D21*0.08)**」にします。

(7) 改めて、このシートを上書き保存し、Excel を終了します。

2. 行ごと・列ごとの編集（挿入、削除、列幅変更）

計算の次は、行ごと・列ごとに表を調整する方法を紹介します。

2.1 行・列の挿入と削除は、行・列番号をドラッグ&ドロップ→右クリック→

(1) 挿入または削除したい**行・列の範囲を選択**して、

(2) **右クリック**。

> ※ 行番号・列番号とは、シートの左端と上部に表示されている連続番号・アルファベットのことです。

(3) **[挿入(I)]**か**[削除(D)]**をクリック。

2.2 行の高さ・列の幅の調節

(1) 高さを調節したい**行**または幅を調節したい**列**を**選択**して、

(2) **[ホーム]**タブ→**[書式]**。

(3) **[行の高さ(H)...]**か**[列の幅(W)...]**をクリック。

(4) 「**行の高さ(R):**」か「**列の幅(C):**」を設定します。

(5) **[OK]**をクリック。

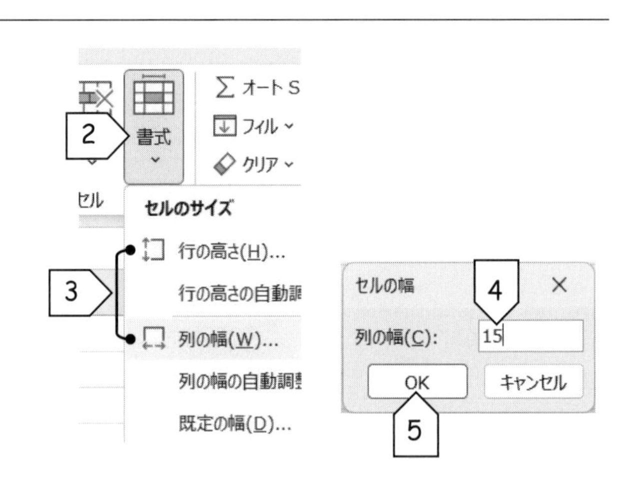

行の高さ・列の幅の調節は、仕切りのドラッグ&ドロップでも行える

行番号・列番号が表示されているボーダーの仕切りをドラッグ&ドロップしても、高さ・幅は調節できます。なお、仕切りをダブルクリックすると、入力されているデータに合わせて、自動調整されます。

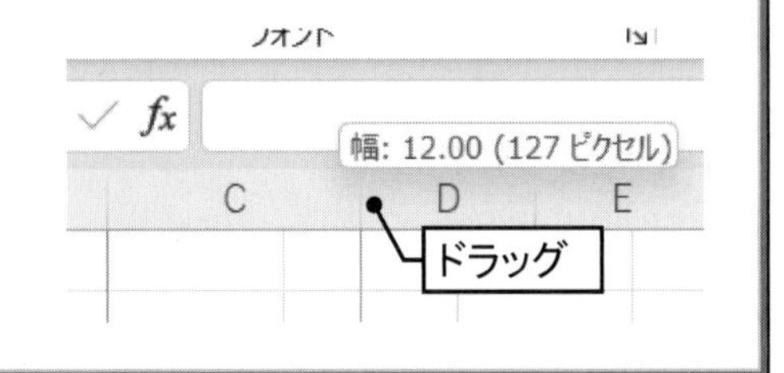

演習 21　納品書 (その 4: 行削除と列幅の調節)

行を削除し、列の幅を調節して、「納品書」を右のように変更します。

	A	B	C	D	E
1					
2	納品書				
3	愛知●●システム株式会社 御中				
4				愛知●●株式会社	
5	品名	数量	単価	金額	
6	マカロニ	4	120	480	
7	バター	2	380	760	
8	牛乳	8	230	1840	
9	スパゲティ	4	120	480	
10	セロリ	4	150	600	
11	ケチャップ	2	320	640	
12	りんご	18	215	3870	
13	食パン	16	25	400	
14	トマト	8	130	1040	
15	オレンジ	8	80	640	
16	豆腐	4	140	560	
17	小計			11310	
18			消費税	904	
19			税込金額	12214	

(1) Excel を起動して、「納品書」を開きます。

(2) 以下の手順に従って、**5 行目から 8 行目までの 4 行を削除**します。

▶ 前ページの「2.1 行・列の挿入と削除は、...」が、参考になります。

1) 行番号「**5**」～「**8**」をドラッグ&ドロップして、
2) **右クリック**。
3) **[削除(D)]**をクリック。

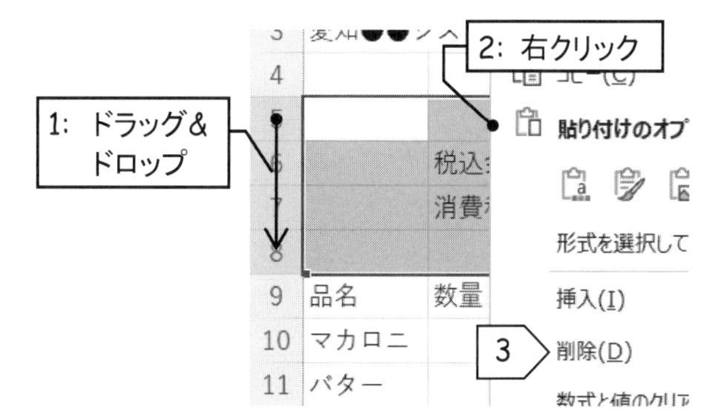

(3) 以下の手順に従って、「品名」の列の幅を「**15**」に調節します。

▶ 前ページの「2.2 行の高さ・列の幅の調節」が、参考になります。

1) 「品名」が入力されているセル **A5** をクリック。
2) **[ホーム]**タブ→**[書式]**→**[列の幅(W)...]**。
3) 「列の幅(C):」を「**15**」にします。
4) **[OK]**をクリック。

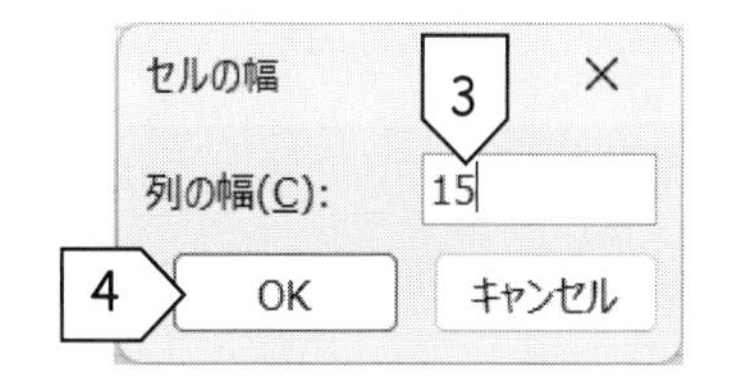

(4) **(3)**と同じ方法で、「数量」の列幅を「**6**」に、「金額」の列の幅を「**10**」にします。

(5) 改めて、このシートを上書き保存し、Excel を終了します。

3. セルごとの書式設定

表の分かりやすさは、見た目で決まります。強調したいデータは、ゴシック体で大きくや、色を変えるなど、目に飛び込ませる工夫が必要です。セルごとの書式設定を紹介します。

3.1 表示形式（通貨記号や%表示、小数点以下の桁数など）

(1) 表示形式を設定したい**セル範囲を選択**して、

(2) **右クリック**。

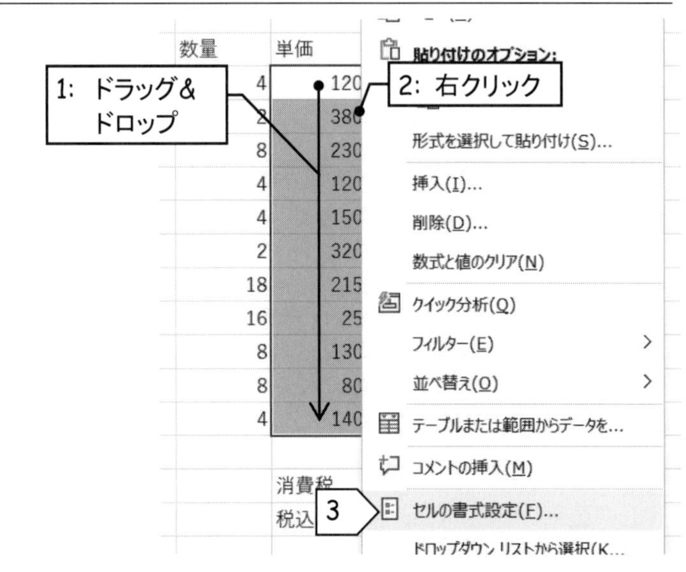

(3) **[セルの書式設定(F)...]**をクリック。

(4) **[表示形式]**をクリック。

(5) 「**分類(C):**」を設定します。

> ※ 設定した内容は、「サンプル」で確認できます。
>
> ※ 場合によって、「サンプル」の下に、「**小数点以下の桁数(D):**」や「**種類(T):**」などが現れます。適宜設定します。

(6) **[OK]**をクリック。

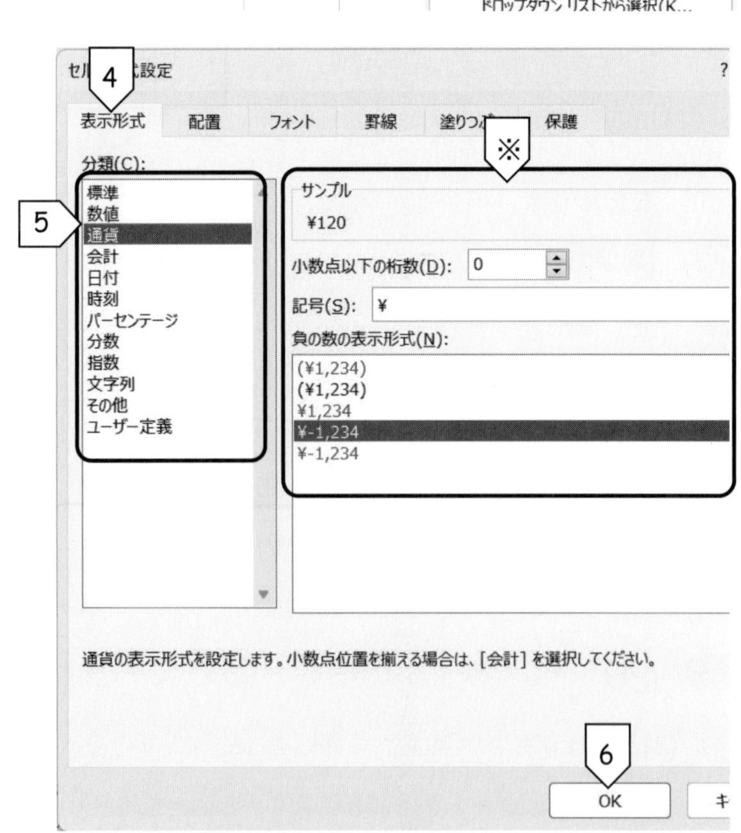

3.2 配置（セル内でのデータの位置）

(1) 配置を設定したい**セル範囲を選択**して、**右クリック→[セルの書式設定(F)...]**。

(2) **[配置]**をクリック。

(3) 「**文字の配置**」を設定します。

> ※ 場合によって、「**文字の制御**」や「**方向**」なども設定します。

(4) **[OK]**をクリック。

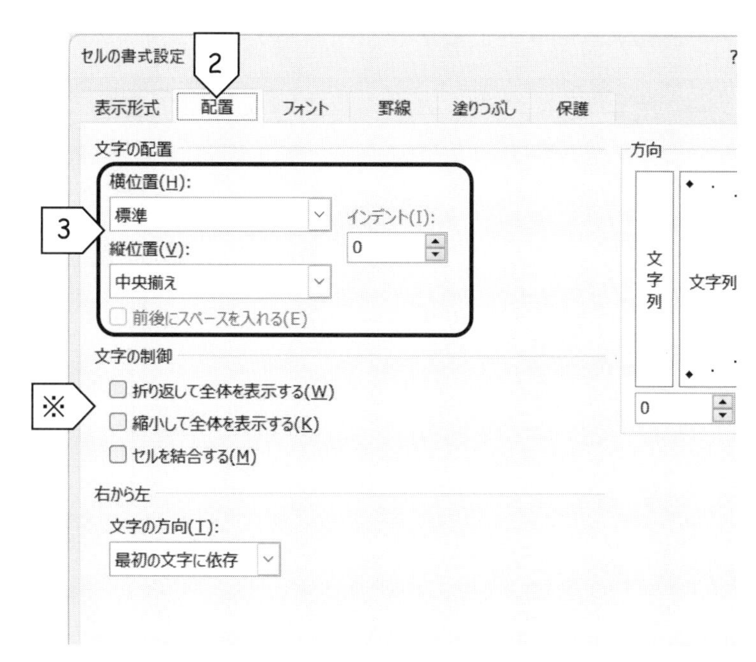

3.3 フォント

(1) フォントを設定したい**セル範囲を選択**して、**右クリック→[セルの書式設定(F)...]**。

(2) **[フォント]**をクリック。

(3) 「**フォント名(F):**」や「**スタイル(O):**」、「**サイズ(S):**」を設定します。

> ※ 設定した内容は、「プレビュー」で確認できます。

(4) **[OK]**をクリック。

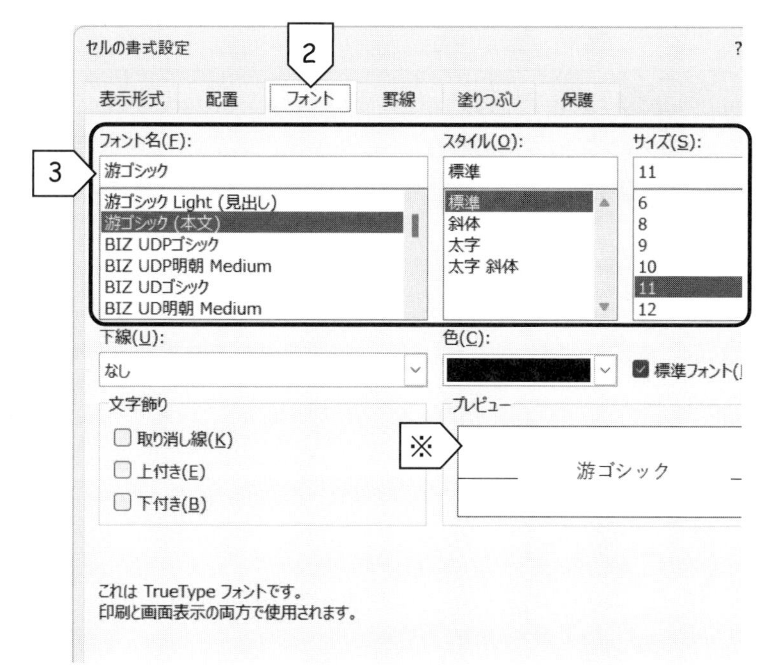

3.4 罫線

(1) 罫線を設定したい**セル範囲を選択**して、**右クリック→[セルの書式設定(F)...]**。

(2) **[罫線]**をクリック。

(3) 「**線**」の「**スタイル(S):**」を設定します。

(4) 「**罫線**」を設定します。

(5) **(3)と(4)を適宜繰り返します。**

(6) [OK]をクリック。

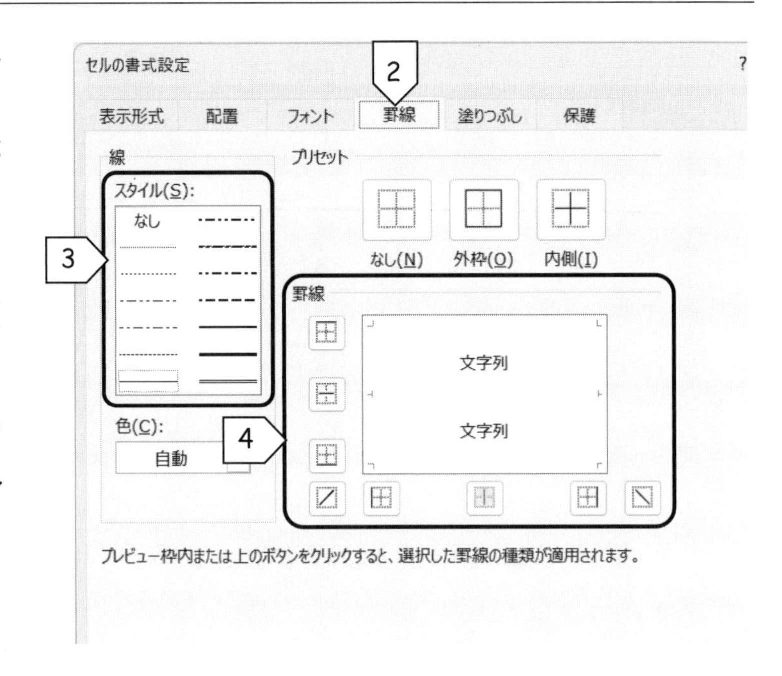

3.5 塗りつぶし

(1) 塗りつぶしを設定したい**セル範囲を選択**して、**右クリック→[セルの書式設定(F)...]**。

(2) **[塗りつぶし]**をクリック。

(3) 「**背景色(C):**」を設定します。

> ※ 設定した内容は、「サンプル」で確認できます。

(4) [OK]をクリック。

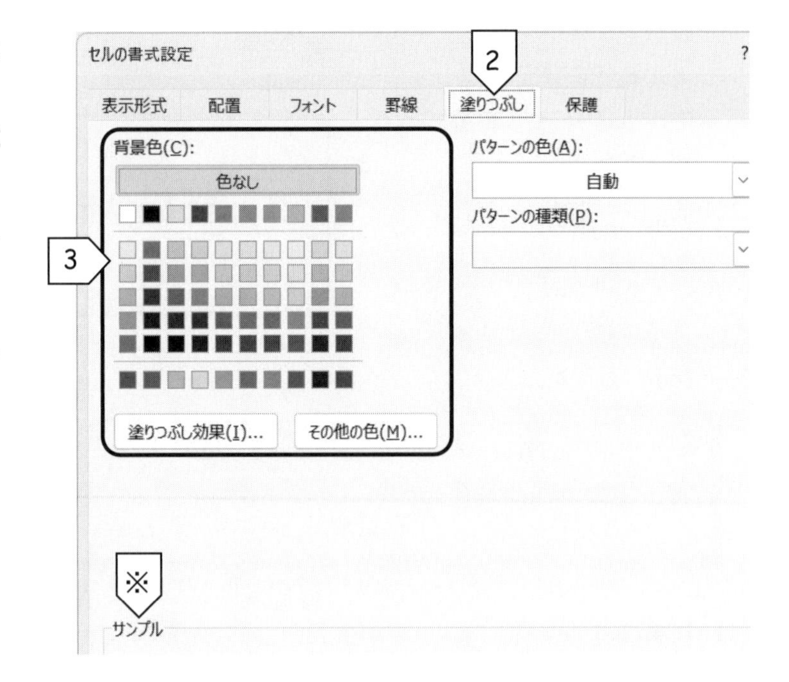

3.6 保護

データを誤って消してしまわないように、セルにロックを掛けることができます。大切な数式を人に見られないように非表示にすることも可能です。

(1) 保護したい**セル範囲を選択**して、**右クリック→[セルの書式設定(F)...]**。

(2) **[保護]**をクリック。

(3) 「**ロック(L)**」および「**表示しない(I)**」を設定します。

> ※ セルのロックおよび数式の非表示の効果は、**(5)**と**(6)**の**[シートの保護]**を設定しなければ得られません。

(4) **[OK]**をクリック。

(5) **[校閲]**タブ→**[シートの保護]**。

(6) 「**シートとロックされたセルの内容を保護する(C)**」および「**シートの保護を解除するためのパスワード(P)**」を設定します。

> ※ 場合によって、「**このシートのすべてのユーザーに以下を許可します。**」も設定します。

(7) **[OK]**をクリック。

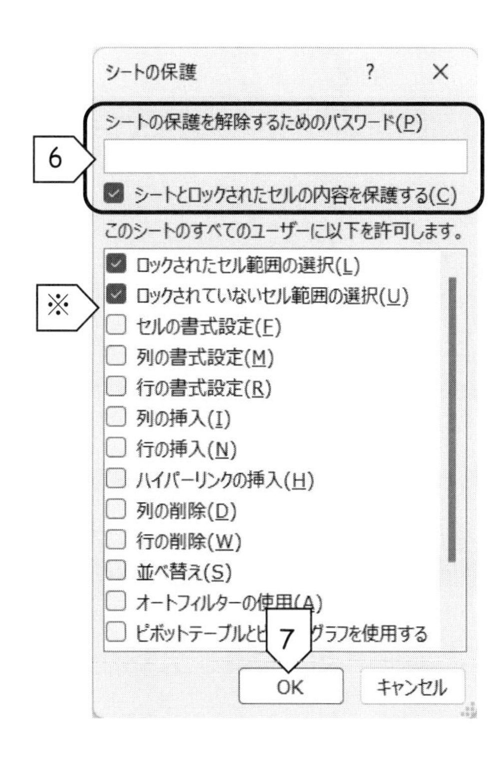

演習 22　納品書 (その 5: セルごとの書式設定)

金額のデータに ¥ を付けたり、罫線を引いたり、「納品書」を右のように変更します。

	A	B	C	D
1				
2	**納品書**			
3	愛知●●システム株式会社 御中			
4				愛知●●株式会社
5	品名	数量	単価	金額
6	マカロニ	4	¥120	¥480
7	バター	2	¥380	¥760
8	牛乳	8	¥230	¥1,840
9	スパゲティ	4	¥120	¥480
10	セロリ	4	¥150	¥600
11	ケチャップ	2	¥320	¥640
12	りんご	18	¥215	¥3,870
13	食パン	16	¥25	¥400
14	トマト	8	¥130	¥1,040
15	オレンジ	8	¥80	¥640
16	豆腐	4	¥140	¥560
17	小計			¥11,310
18			消費税	¥904
19			税込金額	¥12,214

(1)　Excel を起動して、「納品書」を開きます。

(2)　以下の手順に従って、「単価」のデータを通貨記号「¥」付きにします。

▶　「3.1 表示形式 (通貨記号や%表示、小数点以下の桁数など) (p. 108)」が、参考になります。

1)　単価が入力されているセル範囲 *C6:C16* をドラッグ&ドロップして、

2)　**右クリック。**

3)　**[セルの書式設定(F)...]**をクリック。

4)　**[表示形式]**をクリック。

5)　「分類(C):」の中の「**通貨**」をクリック。

> ※　「小数点以下の桁数(D):」が「0」になっていることをチェックします。

6)　[*OK*]をクリック。

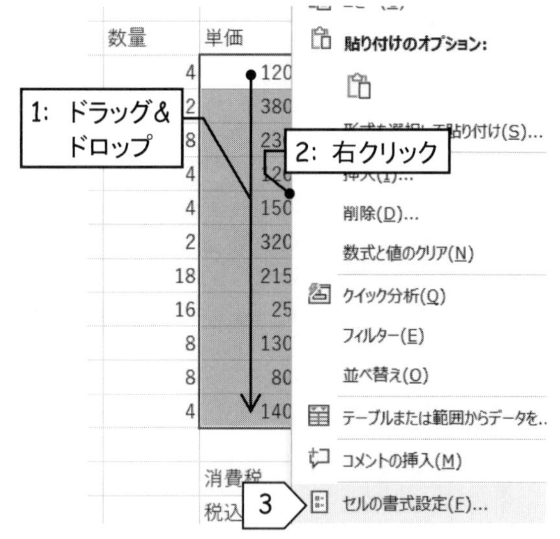

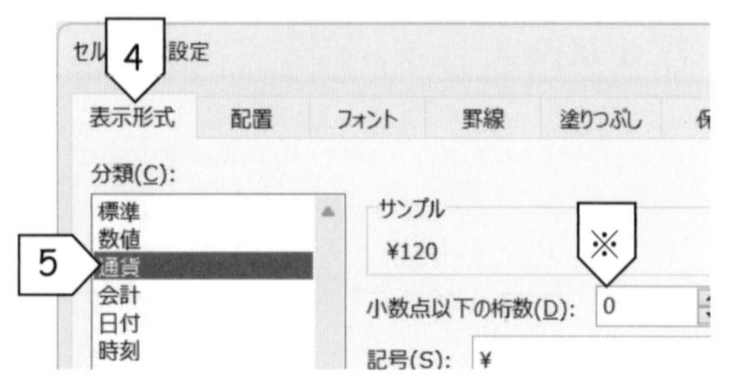

(3)　(2)と同じ方法で、「金額」のデータも通貨記号「¥」付きにします。

(4) 以下の手順に従って、項目名（「品名」～「金額」）をセル内の**左右中央**に配置します。

▶ 「3.2 配置（セル内でのデータの位置）(p. 109)」が参考になります。

1) 項目名が入力されているセル範囲 A5:D5 をドラッグ&ドロップして、**右クリック→[セルの書式設定(F)...]**。

2) [配置]をクリック。

3) 「文字の配置」の「**横位置(H):**」をクリック。

4) 「**中央揃え**」をクリック。

5) [OK]をクリック。

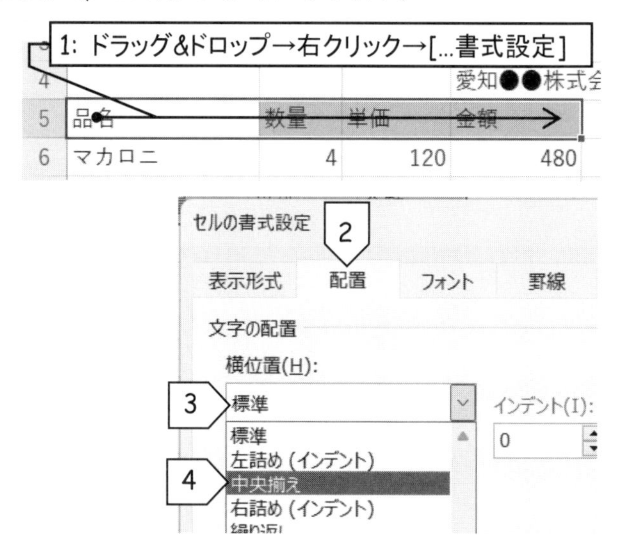

(5) (4)と同じ方法で、「消費税」と「税込金額」をセル内の**左右中央**に、また、「愛知●●株式会社」を**右詰め**にします。

(6) 以下の手順に従って、タイトル「納品書」をセル範囲 A2:D2 内で**左右中央**に配置します。

1) セル範囲 A2:D2 をドラッグ&ドロップして、**右クリック→[セルの書式設定(F)...]**。

2) [配置]をクリック。

3) 「文字の配置」の「**横位置(H):**」をクリック。

4) 「**選択範囲内で中央**」をクリック。

5) [OK]をクリック。

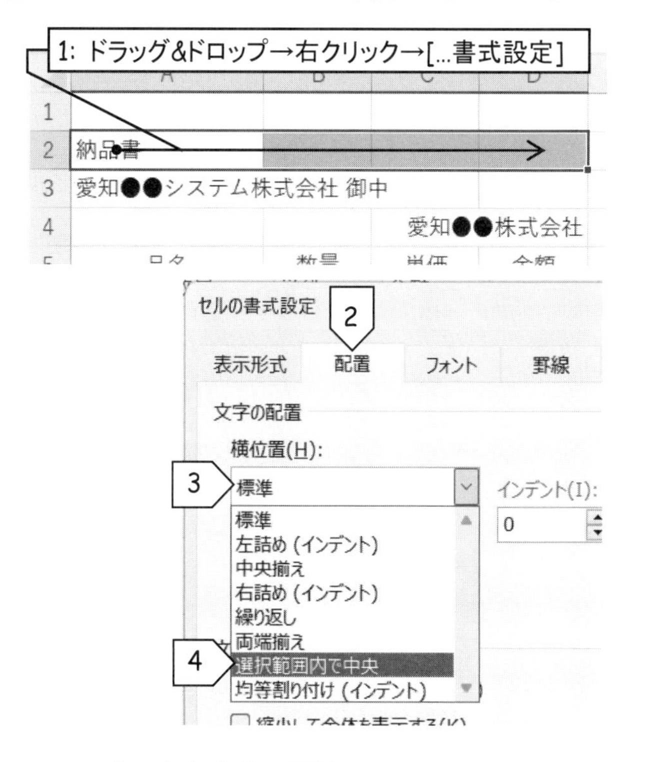

(7) (6)と同じ方法で、「小計」をセル範囲 A17:C17 内で**左右中央**に配置します。

(8) 以下の手順に従って、セル範囲 A5:D17 に**罫線**を付けます。

▶　「3.4 罫線（p. 110）」が、参考になります。

「3.4 罫線（p. 110）」

1) セル範囲 A5:D17 をドラッグ&ドロップして、**右クリック→[セルの書式設定(F)...]**。

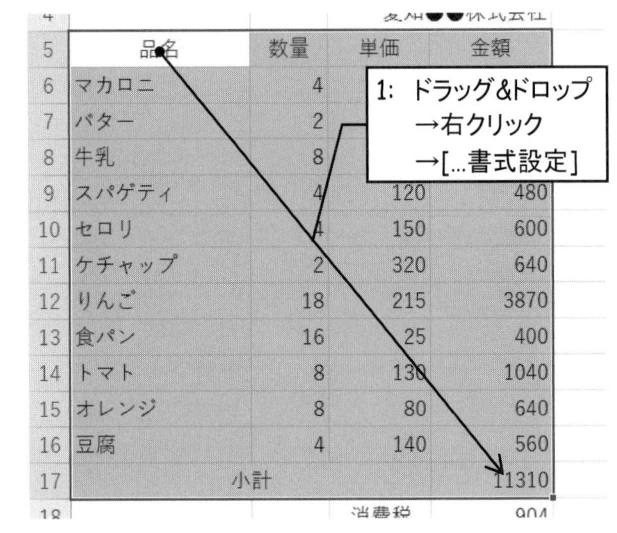

2) [罫線]をクリック。

3) 「スタイル(S):」で**細線**をクリック。

4) 「罫線」で、**上下真ん中**と**左右真ん中**の**ボタン**をクリック。

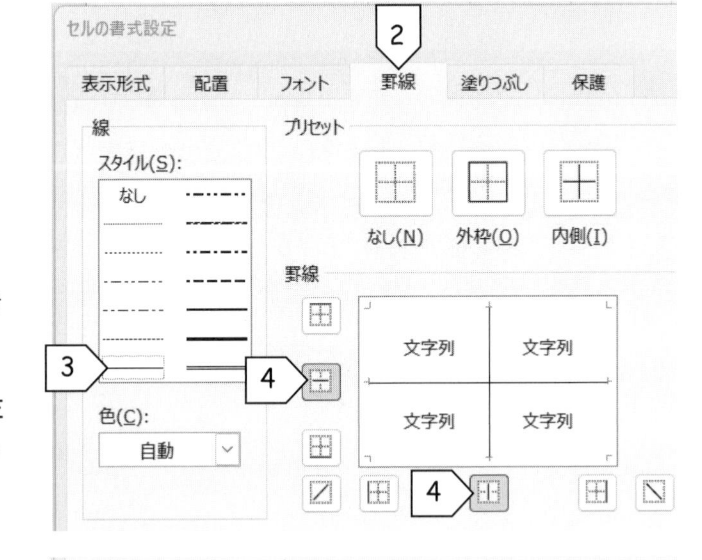

5) 「スタイル(S):」で**太線**をクリック。

6) 「罫線」で、**上**、**下**、**左**、**右**の**ボタン**をクリック。

7) [OK]をクリック。

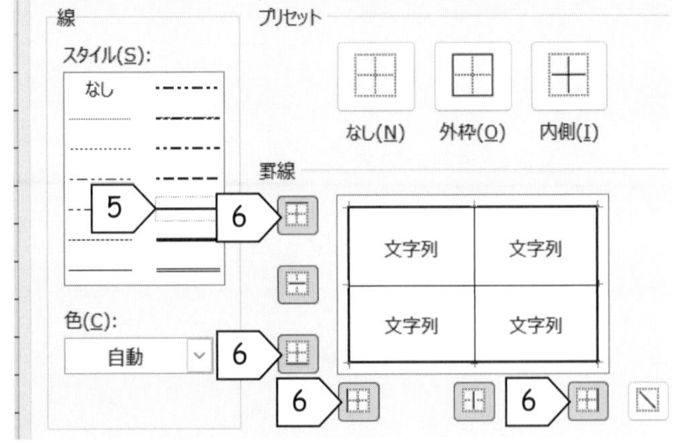

(9) (8)と同じ方法で、セル範囲 C18:D19 の**内側**に**二重線**を、**外枠**に**太線**を付けます。

(10) 以下の手順に従って、セル範囲 A5:D5 の**下**の罫線を**二重線**にします。

1) セル範囲 A5:D5 をドラッグ&ドロップして、**右クリック→[セルの書式設定(F)...]**。

2) **[罫線]**をクリック。

3) 「スタイル(S):」で**二重線**をクリック。

4) 「罫線」で、**下のボタン**をクリック。

5) **[OK]**をクリック。

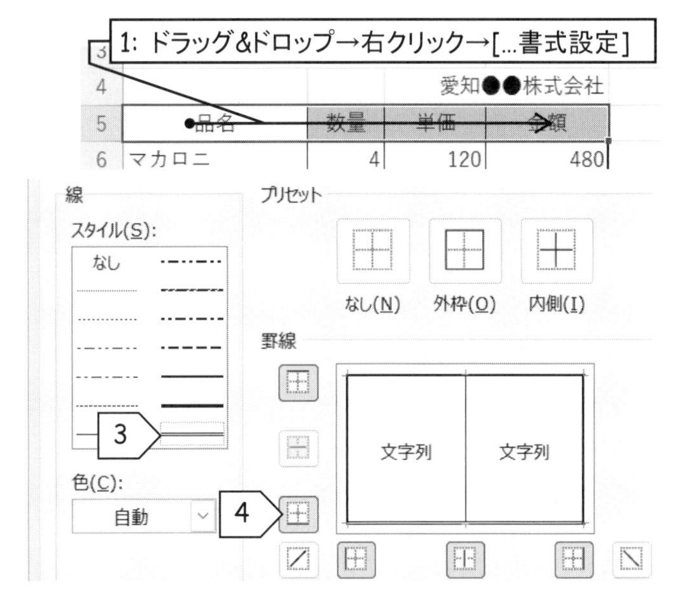

(11) (10)と同じ方法で、セル範囲 D5:D17 の**左**と、セル範囲 A17:D17 の**上**の罫線を、**二重線**にします。

(12) 以下の手順に従って、タイトル「納品書」のフォントを設定します。

▶ 「3.3 フォント (p. 109)」が参考になります。

1) 「納品書」が入力されているセル A2 を、**右クリック→[セルの書式設定(F)...]**。

2) **[フォント]**をクリック。

3) 「フォント名(F):」を「**HGP 創英角ポップ体**」、「スタイル(O):」を「**斜体**」、「サイズ(S):」を「**18**」にします。

4) 「下線(U):」を「**二重下線**」にします。

5) **[OK]**をクリック。

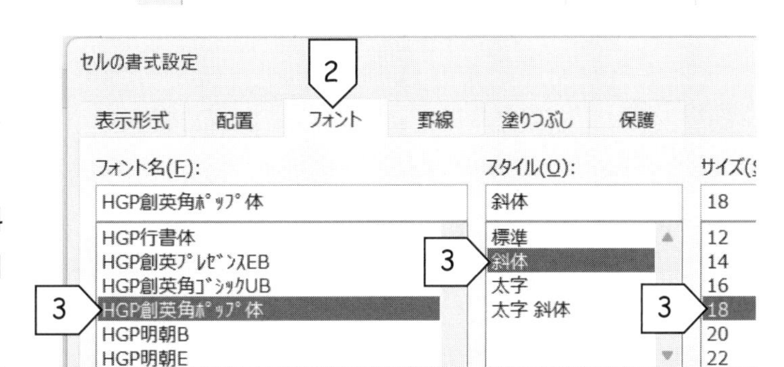

(13) **[ファイル]**タブ→**[印刷]**を選択して、印刷結果を確認します。

(14) 改めて、このシートを上書き保存し、Excel を終了します。

演習 23　まなびピア (その 1: ここまでの復習)

以下の指示に従って、あるイベント「まなびピア」の入場者数を集計する表を作成します。

(1) Excel を起動して、次のデータを入力します。また、罫線は適宜設定し、下の指示にも従います。

1) 「コード」、「地域」、「子供」および「大人」の 4 列の列幅を「**6**」に、また、「団体名」の列幅を「**14**」に設定します。

2) 項目名（「受付番号」～「割合」）をセルの**左右中央**に、また、「合計」と「平均」をセル範囲 **A13:D13** 内とセル範囲 **A14:D14** 内で**左右中央**に配置します。

3) 「まなびピア入場者数一覧表」を、セル範囲 **A2:H2** 内で**左右中央**に配置し、フォントを「**HG 正楷書体-PRO**」の「**太字**」で、サイズを「**16**」の「**二重下線**」付きにします。

▶ 「2.2 行の高さ・列の幅の調節（p. 106）」、
「3.2 配置（セル内でのデータの位置）（p. 109）」、
「3.3 フォント（p. 109）」、
「3.4 罫線（p. 110）」が、参考になります。

	A	B	C	D	E	F	G	H
1								
2	まなびピア入場者数一覧表							
3							(単位：人)	
4	受付番号	団体名	コード	地域	子供	大人	合計人数	割合
5	1	西福岡中学校	1	中部	1320	58		
6	2	梅林小学校	2	中部	680	24		
7	3	白川中学校	1	関東	725	25		
8	4	福原中学校	1	関西	108	19		
9	5	城南小学校	2	関西	1280	49		
10	6	若林小学校	2	関東	572	20		
11	7	荒川中学校	1	関西	940	45		
12	8	西陣小学校	2	中部	485	27		
13	合計							
14	平均							

(2) 作成したシートに、ファイル名「**まなびピア**」を付けて保存します。

(3)　以下の手順に従って、各団体の子供の人数 ＋ 大人の人数 ＝「合計人数」を計算します。

地域	子供	大人	合計人数	割合
中部	1320	58	=E5+F5	
中部	680	24		

1)　「**A 半角英数字**」モードをチェック。
2)　セル *G5* をクリックして、「=」を入力。
3)　セル E5 をクリックして、「+」を入力。
4)　セル F5 をクリックして、[Enter]。

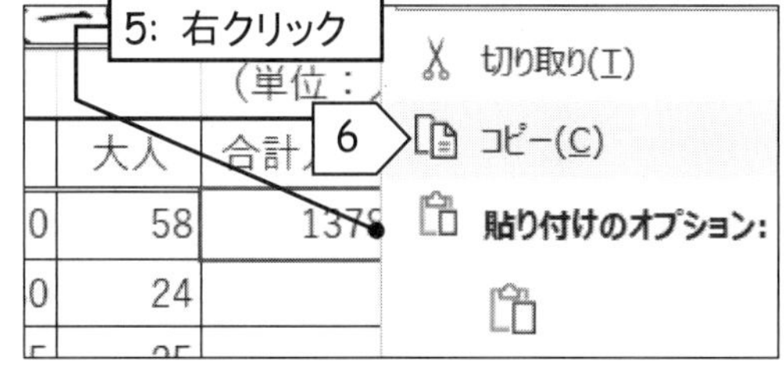

5)　改めて、セル *G5* を**右クリック**して、
6)　[コピー(C)]をクリック。
7)　セル範囲 *G6:G12* をドラッグ&ドロップして、
8)　**右クリック。**
9)　[貼り付け]をクリック。

▶　「1. 計算は、数式に従って行われる（p. 100～）」と「2.4 セルのコピー&ペーストは、ドラッグ&ドロップ→右クリック→（p. 91）」が、参考になります。

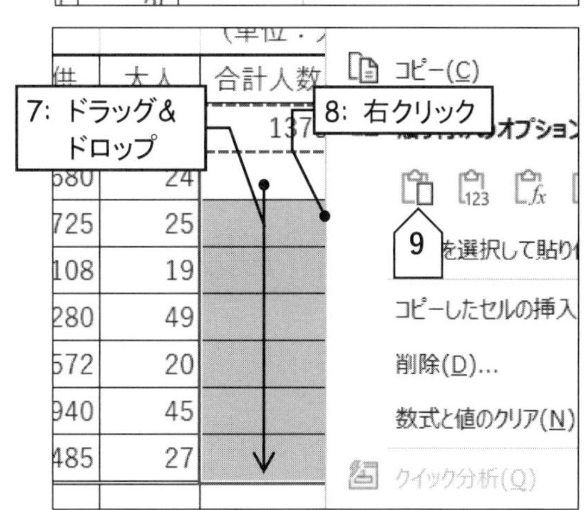

(4)　以下の手順に従って、子供、大人および合計人数の「合計」を、関数 SUM(範囲) を使って計算します。

1)　セル E13 をクリックして、「=sum(」を入力。
2)　セル範囲 E5:E12 をドラッグ&ドロップ。
3)　「)」を入力して、[Enter]。
4)　セル E13 に入力した「=SUM(E5:E12)」を、セル F13 とセル *G13* に**コピー&ペースト**します。

ード	地域	子供	大人	合計人数
1	中部	1320	58	137
2	中部	680	24	70
1	関東	725	25	75
1	関西	108	19	12
2	関西	1280	49	132
2	関東	572	20	59
1	関西	940	45	98
2	中部	485	27	51
		=sum(E5:E12)		

(5) 以下の手順に従って、子供、大人および合計人数の「平均」を、関数 **AVERAGE(範囲)** を使って計算します。関数 **INT** を使って整数部分のみの表示にします。

1) セル **E14** をクリックして、「**=int(average(**」を入力。

2) セル範囲 **E5:E12** をドラッグ&ドロップ。

3) 「**))**」を入力して、**[Enter]**。

4) セル **E14** に入力した「**=int(average(E5:E12))**」を、セル **F14** とセル **G14** に**コピー&ペースト**します。

子供	大人	合計人数
1320	58	1378
680	24	704
725	25	750
108	19	127
1280	49	1329
572	20	592
940	45	985
485	27	512
6110	267	6377
=int(average(E5:E12))		

(6) 以下の手順に従って、各団体の合計人数の、全団体の総合計に対する「割合」を、**絶対参照**を使って求めます。

1) セル **H5** をクリックして、「**=**」を入力。

2) セル **G5** をクリックして、「**/**」を入力。

3) セル **G13** をクリックして、**[F4]**。

> ※ 合計のセル G13 の指定では、**[F4]**を使って、**絶対参照**（コピー&ペーストしても変わらない）にします。「$を付けた絶対参照のセルは、コピー先でも変わらない (p. 103)」が参考になります。

4) **[Enter]**。

5) セル **H5** に入力した数式「**=G5/$G$13**」を、**H6～H12** の 7 つのセルに**コピー&ペースト**します。

大人	合計人数	割合
58	1378	=G5/$G$13
24	704	
25	750	
19	127	
49	1329	
20	592	
45	985	
27	512	
267	6377	
33	797	

(7) 以下の手順に従って、割合を表示しているデータの表示形式を設定します。

▶ 「3.1 表示形式（通貨記号や%表示、...）(p. 108)」が、参考になります。

1) セル範囲 **H5:H12** をドラッグ&ドロップして、**右クリック→[セルの書式設定(F)...]**。

2) **[表示形式]**をクリックして、「分類(C):」を「**パーセンテージ**」に、「小数点以下の桁数(D):」を「**1**」にして、**[OK]**をクリック。

(8) 改めて、このシートを上書き保存します。

(9) 以下の手順に従って、「西陣小学校」のすぐ下に、3 団体（青笹小学校、飯山小学校、北福岡中学校）のデータを追加します。計算や罫線などの、これまでの処理もやり直します。

1) 行番号「**13**」～「**15**」をドラッグ&ドロップして、

2) **右クリック。**

3) **[挿入(I)]**をクリック。

▶ 「2.1 行・列の挿入と削除は、行・列番号をドラッグ&ドロップ→右クリック→（p. 106）」が、参考になります。

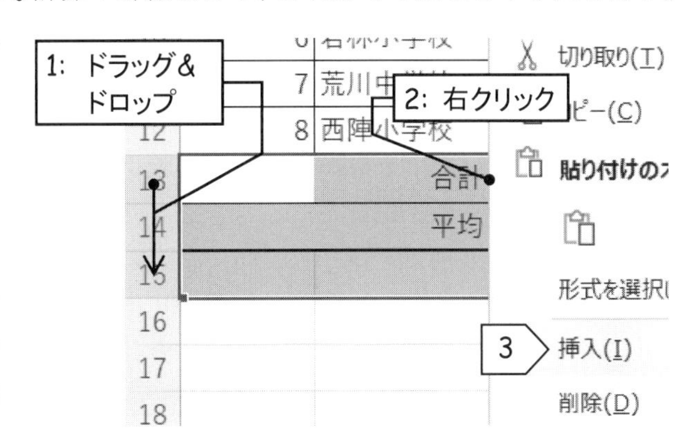

4) 挿入した行に、次のデータを入力します。

13	9	青笹小学校	2	中部	645	24
14	10	飯山小学校	2	中部	780	32
15	11	北福岡中学校	1	中部	1360	64

5) 平均の計算や罫線の設定など、これまでの処理をやり直します。

(10) 次の指示に従って、データを修正します。

▶ 「2. データの入力、削除、編集（p. 90～）」が参考になります。

1) タイトル「まなびピア入場者数一覧表」を、「**6 月期 まなびピア 入場者数一覧表（小中学校）**」に変更します。

2) 梅林小学校の子供のデータ「680」を、「**722**」にします。

3) 福原中学校の大人のデータ「19」を、**削除**します。

4) 青笹小学校の子供のデータ「645」を、「**822**」にします。

(11) 改めて、このシートを上書き保存し、Excel を終了します。

chapter 10

グラフとデータベース

Excel には、表計算以外にも、様々な機能が用意されています。ここでは、「グラフ」と「データベース」を紹介します。

1. グラフ

グラフは、次の手順で作るのが一般的なようです。

1 グラフの挿入	グラフで示したいデータの**セル範囲を選択**して、 [挿入]タブ→「**グラフ**」…。
2 移動と大きさ	**グラフ エリア**の**ドラッグ&ドロップ**で位置を調整し、 **グラフ エリア**の**ハンドル**の**ドラッグ&ドロップ**で大きさを調節。
3 ブラッシュアップ	**[グラフのデザイン]**と**右クリック**→**[書式設定]**で、伝えたいことが目立つように・伝わるように、工夫する・磨きをかける。

1.1 グラフの挿入

(1) グラフで示したいデータの**セル範囲を選択**します。

> ※ 項目名も含めて選択します。
>
> ※ ここでも、このセル範囲の選択が、最重要です。

(2) **[挿入]**タブをクリック。

(3) **グラフの種類**を選択します。

(4) **グラフの形式**を選択します。

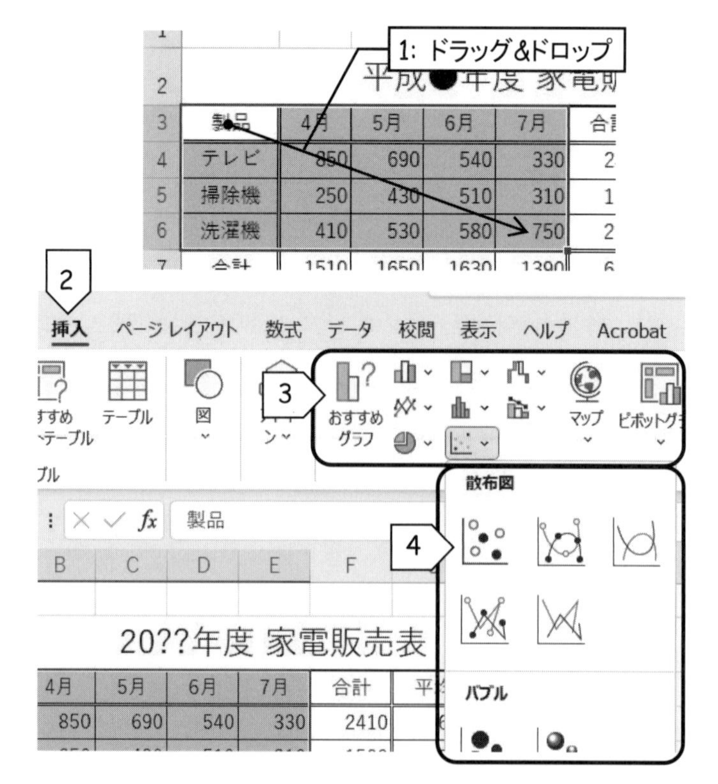

1.2 グラフの移動は、グラフ エリアをドラッグ&ドロップ

ワークシート上でグラフが表示されている部分を、**グラフ エリア**といいます。このエリア内の何もないところをポイントすると、マウスポインタの右下に グラフ エリア の表示が現れ、選択できるようになります。

(1) 一度グラフをクリックしてから、グラフ エリア内の何もないところをポイント。

(2) マウスポインタの右下に、グラフ エリア が現れたらドラッグ。

(3) 目的の場所でドロップ。

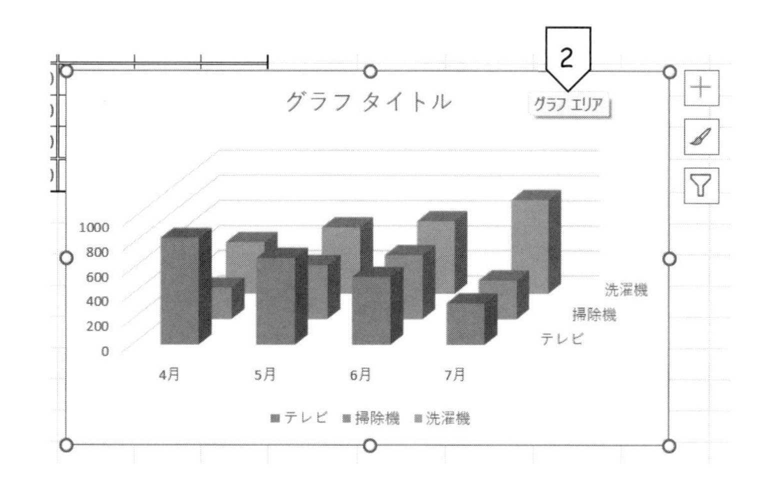

1.3 グラフの大きさは、グラフ エリアのハンドルで

グラフをクリックすると、グラフ エリアの上下左右それから四隅に**ハンドル** ○ が付きます。このハンドルをドラッグ&ドロップすれば、グラフの大きさが調節できます。

(1) グラフをクリックして、グラフ エリアの周囲に、ハンドル ○ を立てます。

(2) ハンドルをドラッグ&ドロップして、大きさを調節します。

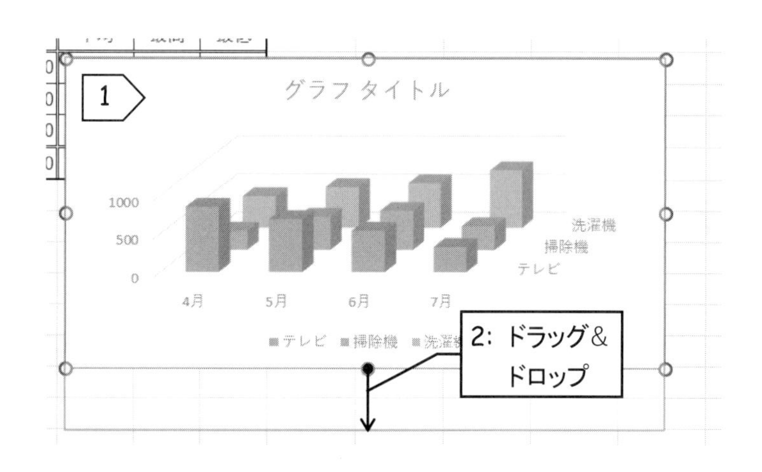

1.4 [グラフのデザイン]

グラフをクリックすると、Excel のタイトルバーに**[グラフのデザイン]**タブが現れます。凡例・軸を切り替える**[行/列の切り替え]**や**[色の変更]**など、グラフ用の機能が詰まっています。

1.5 伝えたい部分を目立たせるには、右クリック→[書式設定]

グラフで最も重要なテクニックは、個々のパーツ（グラフ要素）の書式設定です。
グラフは、人に何かを伝えるためのものです。伝わらなければ、グラフで表す意味がありません。**右クリック→[...の書式設定]**で個々のパーツにメリハリを付けて、伝えたいことが伝わるように工夫します。

(1) 工夫したいグラフのパーツを**右クリック**。

> ※ 右の例では、横軸「**4 月 5 月 6 月 7 月**」を右クリック。

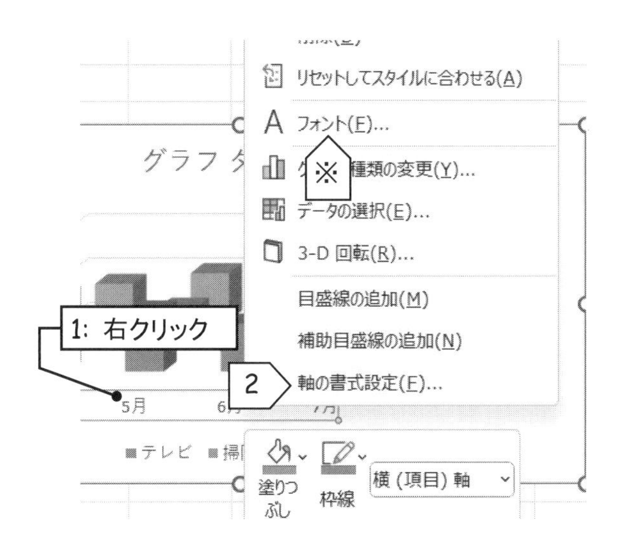

(2) **[...の書式設定 (F)...]**をクリック。

> ※ 文字の大きさなどを変更したい場合は、**[フォント(F)...]**を選びます。

(3) 「**...のオプション**」や「**塗りつぶしと線**」などをクリックして、適宜設定します。

▶ 「2. オブジェクトの書式設定（p. 77～)」が、参考になります。

> ※ 扱い方は、使っていくうちにわかるようになります。

(4) 最後に、[×]をクリック。

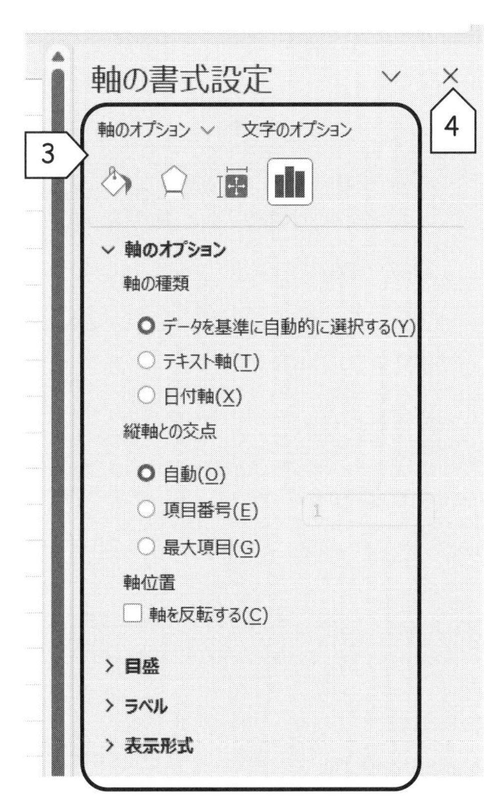

演習 24 「家電販売表」でグラフの練習

以下の指示に従って、ある電気店での「家電販売表」を作成し、グラフで表現します。

---

(1) Excel を起動して、次のデータを入力します。また、罫線は適宜設定し、下の指示にも従います。

1) 「4 月」〜「7 月」、「最高」および「最低」の 6 列の列幅を「**6**」に、「合計」と「平均」の 2 列の列幅を「**7**」に設定します。

2) 項目名（「製品」、「4 月」〜「7 月」、「合計」〜「最低」、「合計」）および製品名（「テレビ」〜「洗濯機」）をセルの**左右中央**に配置し、「(販売台数)」を**右詰め**にします。

3) タイトル「20??年度 家電販売表」を、セル範囲 **A2:I2** の中で**左右中央**に配置し、フォントサイズを「**18**」にします。

	A	B	C	D	E	F	G	H	I
1									
2	20??年度 家電販売表								
3	製品	4月	5月	6月	7月	合計	平均	最高	最低
4	テレビ	850	690	540	330	2410	602	850	330
5	掃除機	250	430	510	310	1500	375	510	250
6	洗濯機	410	530	580	750	2270	567	750	410
7	合計	1510	1650	1630	1390	6180			
8								(販売台数)	

(2) 各製品の「合計」、「平均」、「最高」および「最低」を、関数 **SUM(範囲)**、**AVERAGE(範囲)**、**MAX(範囲)**、**MIN(範囲)** を使って、それぞれ計算します。さらに「平均」は、関数 **INT** を使って整数の部分だけの表示にします。

(3) 各月および合計の「合計」を計算します。

(4) 作成したシートに、ファイル名「**家電販売表**」を付けて保存します。

(5) 以下の手順に従って、販売台数の棒グラフを挿入します。

▶ 「1.1 グラフの挿入 (p. 120)」が、参考になります。

1) グラフで示したいデータのセル範囲 **A3:E6** をドラッグ&ドロップ。

2) **[挿入]**タブをクリック。

1: ドラッグ&ドロップ

	A	B	C	D	E	F
2	20??年度 家電販					
3	製品	4月	5月	6月	7月	合
4	テレビ	850	690	540	330	2
5	掃除機	250	430	510	310	1
6	洗濯機	410	530	580	750	2
7	合計	1510	1650	1630	1390	6

3) 「グラフ」の中から**[縦棒/横棒グラフの挿入]**をクリック。

4) **[集合縦棒]**の形式をクリック。

5) **[グラフのデザイン]**タブの**[行/列の切り替え]**をクリックして、**凡例**を「4月」、「5月」、「6月」、「7月」にします。

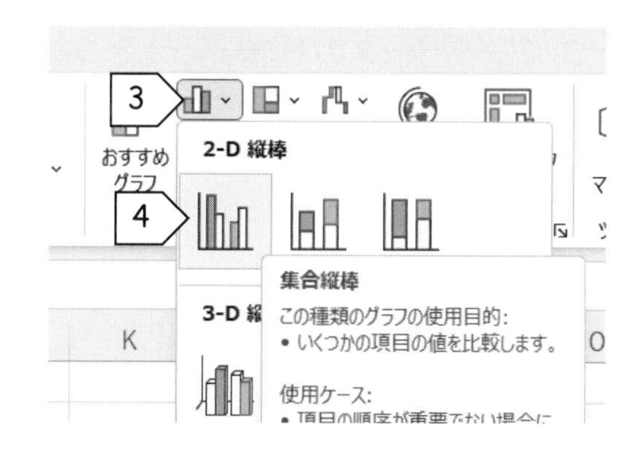

(6) 挿入したグラフの位置と大きさを、調整します。

▶ 「1.2 グラフの移動は、グラフ エリアをドラッグ&ドロップ（p. 121）」と、「1.3 グラフの大きさは、グラフ エリアのハンドルで（p. 121）」が、参考になります。

(7) 以下の手順に従って、グラフのタイトルと軸ラベルを設定します。

▶ 「1.4［グラフのデザイン］（p. 122）」が、参考になります。

1) **「グラフ タイトル」**をクリック。

2) グラフ タイトルを「**20??年度 家電販売実績**」に変更します。

3) **[グラフのデザイン]**タブをクリック。

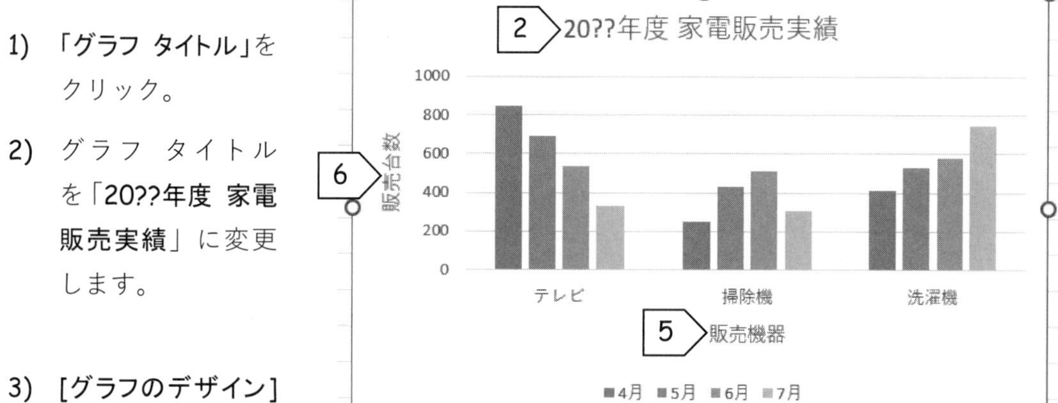

4) **[行/列の切り替え]**をクリック。

5) **[グラフ要素を追加]→[軸ラベル(A)]→[第 1 横軸(H)]**を選んで、「**販売機器**」を入力します。

6) **[グラフ要素を追加]→[軸ラベル(A)]→[第 1 縦軸(V)]**を選んで、「**販売台数**」を入力します。

7) 凡例は、「1.5 伝えたい部分を目立たせるには、右クリック→[書式設定]（p. 123）」を参考にして、各自で設定します。

(8) 改めて、このシートを上書き保存し、Excel を終了します。

2. データベースの基本（Sort と Select）は、Excel で覚える

データベース アプリは、種々のデータを整理・管理しています。集合場所の近くで、人気のカフェを口コミ順に並べたり、フォローしている未読の書き込みを表示するなど、日ごろ、私たちがスマホで行っている「調べる」「検索する」を支えています。データベースの基本である **Sort**（データの並べ替え）と、**Select**（条件に合うデータのピックアップ）を紹介します。

2.1 データベースの条件（フィールドとレコード）

データベースとして扱うためには、次の 2 つの条件を満たしていなければなりません。

・ 1 行目に、そのデータベースの**項目名（フィールド タイトル）**が入力されていること。
・ 2 行目以降には、それぞれの項目名に対応したデータが入力されていること。

データが入力されている各列を「**フィールド**」、1 行目に入力されている項目名を「**フィールド タイトル**」と呼んでいます。2 行目以降に入力されているデータの 1 行分を「**レコード**」と呼んでいます。下の例では、セル範囲 B3:H12 が、データベースとして扱える範囲です。このデータベースには、7 つの**フィールド**があり、9 人分の**レコード**が蓄積されています。

	A	B	C	D	E	F	G	H
1								
2		バレーボール同好会 会員名簿						
3		背番号	氏名	ふりがな	学年	生年月日	出身県	身長 [cm]
4		1	平野　令子	ひらの　れいこ	1	2010/3/3	愛知県	165
5		2	野村　真理子	のむら　まりこ	2	2008/12/28	兵庫県	172
6		3	古沢　由美	ふるさわ　ゆみ	2	2008/7/30	愛知県	159
7		4	小野寺　美和	おのでら　みわ	2	2009/2/26	愛知県	156
8		5	吉崎　真由美	よしざき　まゆみ	1	2009/4/22	愛知県	160
9		6	木田　美由紀	きだ　みゆき	2	2009/2/1	岐阜県	170
10		7	下田　悠子	しもだ　ゆうこ	1	2010/1/8	静岡県	150
11		8	佐藤　則子	さとう　のりこ	1	2009/10/9	愛知県	155
12		9	斉藤　美穂	さいとう　みほ	2	2008/4/7	奈良県	168

フィールド タイトルは、データを分類する大切な項目名

データベースでは、**フィールド タイトル**が要です。**並べ替えの鍵を握る**のも、**フィルターの基準**になるのも**フィールド タイトル**です。
フィールド、**フィールド タイトル**とは何か、どのように扱うのかを、しっかり習得して下さい。

2.2 Sort（並べ替え）

大きい順やあいうえお順など、目的に合わせてデータを並べ替える Sort を紹介します。

(1) 並べ替えたいデータベースの**セル範囲を選択**します。

> ※ ここでも、この**セル範囲の選択が最重要**です。
>
> ※ 項目名（フィールド タイトル）がデータと隣接している場合は、必ず、項目名を含めて選択します。

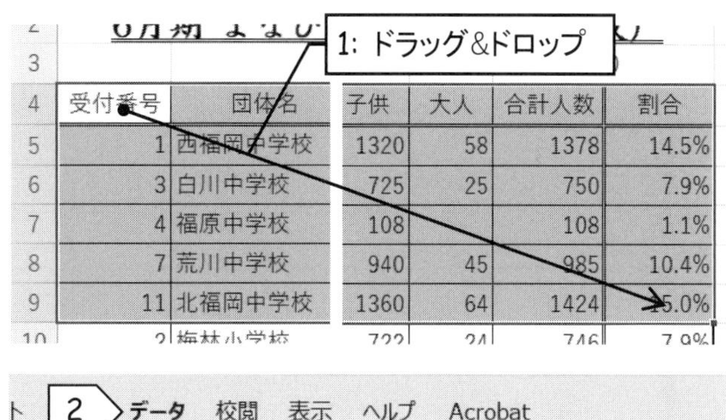

(2) **[データ]**タブをクリック。

(3) **[並べ替え]**をクリック。

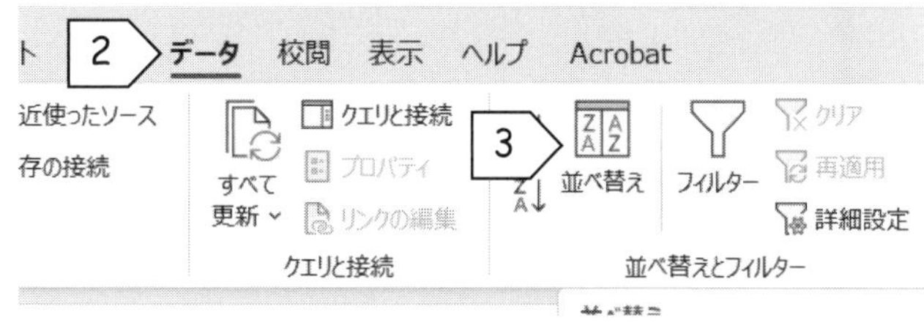

(4) **「先頭行をデータの見出しとして使用する(H)」**を設定します。

> ※ (1)の**セル範囲の選択**で、フィールド タイトルを含めた場合は、チェックを付けます。含めなかった場合は、チェックを外します。

(5) 「**最優先されるキー**」（並べ替えの鍵（キー）となるフィールド）として、項目名か列番号を設定します。

> ※ 「先頭行をデータの見出しとして使用する(H)」のチェックを外したら、列番号での設定です。

(6) 「**順序**」で、「**昇順**」（上から小さい順）か「**降順**」（上から大きい順）を選択します。

(7) 最後に、**[OK]**をクリック。

2.3　Select（フィルター）

データベースの中から必要なデータを抜き出す **Select** では、「**どこから**」、「**どんな条件で**」、「**どの項目を**」の 3 つがポイントです。Excel では、それぞれ 1 行目に項目名（**フィールド タイトル**）がある表（範囲）として準備します。

1　「**どこから**」	（データを抜き出す大本の表）	**リスト範囲**
2　「**どんな条件で**」	（抜き出す条件を示す表）	**検索条件範囲**
3　「**どの項目を**」	（抜き出すデータの項目名を 1 行に並べた表）	**抽出範囲**

※ **Select** の 3 つの範囲には、1 行目にフィールド タイトルが必須です。次ページの「検索条件範囲と抽出範囲にも、フィールド タイトルが必須」でも説明しました。確認して下さい。

(1)　「**リスト範囲**」、「**検索条件範囲**」、「**抽出範囲**」の 3 つの表を、すべて作成します。

※ ここでは、この 3 つの表（**範囲**）**の作成が最大のポイント**です。

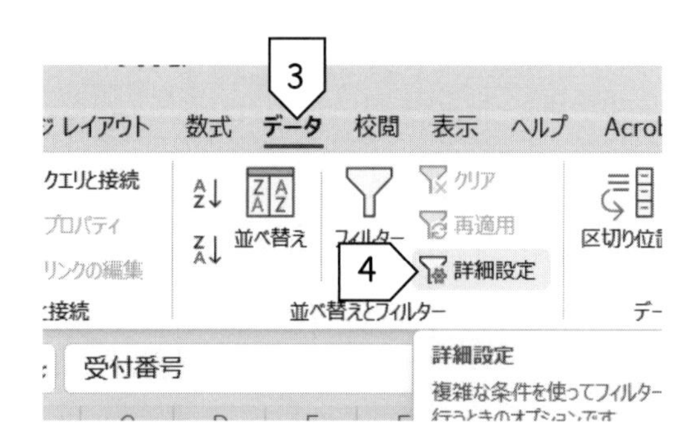

(2)　「**リスト範囲**」を選択します。

(3)　**[データ]**タブをクリック。

(4)　**[詳細設定]**をクリック。

(5)　「**指定した範囲(O)**」にチェックを付ける。

(6)　次の手順により、「**リスト範囲(L):**」、「**検索条件範囲(C):**」、「**抽出範囲(T):**」を、すべて設定します。

　1)　各ボックスの右端にあるアイコン をクリック。

　2)　各セル範囲をドラッグ&ドロップ。

　3)　右端のアイコン をクリック。

(7)　最後に、**[OK]**をクリック。

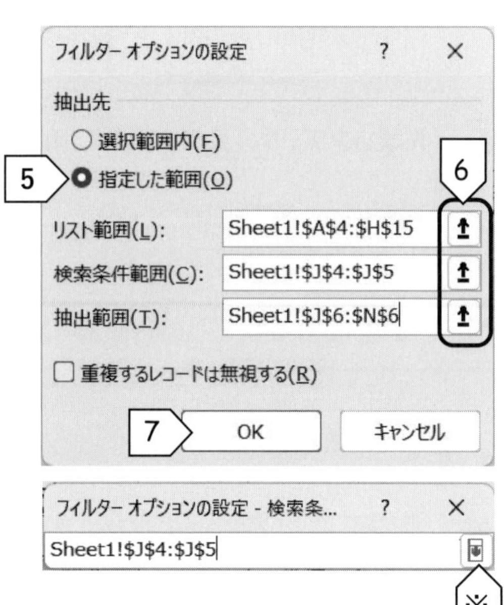

検索条件範囲と抽出範囲にも、フィールド タイトルが必須

フィルターの詳細設定では、抜き出す大本のデータベース「リスト範囲」だけでなく、抜き出す条件を示す「**検索条件範囲**」と、抜き出し先である「**抽出範囲**」が必要です。

(1) 検索条件範囲

1 行目にフィールド タイトルを、2 行目以降に検索条件を入力します。

検索条件としては、特定のデータだけでなく、ワイルドカード文字（下の「ワイルドカード文字は、任意の文字を表す」参照）を用いて文字列の一部分を指定したり、比較演算子（p. 102）により特定の範囲を指定することもできます。

また、いくつかの検索条件が 1 行に並んでいる場合は、そのすべての条件と一致するデータが抽出され、複数の行に分かれている場合は、いずれかの行の条件と一致するデータが抽出されます。右の場合は、「学年」が「1」で「出身県」が「岐阜県」のレコードと、「学年」が「2」で「身長 [cm]」が「160 以上」のレコードが抽出されます。

フィルター オプションの設定 - 検索条

Sheet1!$I$3:$K$5

学年	出身県	身長 [cm]
1	岐阜県	
2		>=160

(2) 抽出範囲

抜き出すフィールドを、フィールド タイトルで指定します。指定したフィールドのデータのみが抽出されます。

ワイルドカード文字は、任意の文字を表す

Excel で扱えるワイルドカード文字を表にまとめました。なお、ワイルドカード文字は、必ず半角文字で入力しなければなりません。

ワイルドカード文字	検索対象	使用例
?　（疑問符）	?と同じ位置にある任意の 1 文字	「**南?風**」と指定すると、"**南東風**"や"**南西風**"などが検索されます。
*　（アスタリスク）	*と同じ位置にある任意の数の文字	「***東**」と指定すると、"**北北東**"や"**南南東**"などが検索されます。
~? または ~*	?（そのもの）または *（そのもの）	「**fy91~?**」と指定すると、"**fy91?**"が検索されます。

演習 25 まなびピア (その 2: Sort)

以下の指示に従って、「まなびピア」のデータを **Sort**（並べ替え）します。

---

(1) Excel を起動して、「まなびピア」を開きます。

(2) 以下の手順に従って、入力されている **11 団体のデータ**を、「**コード**」の**小さい順**に並べ替えます。

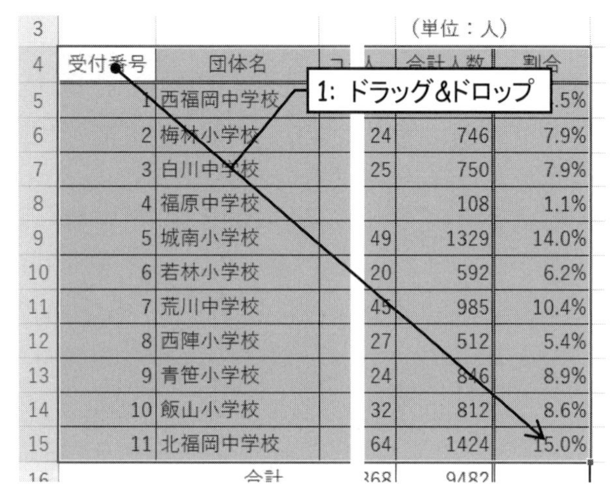

▶ 「2.2 Sort（並べ替え）(p. 127)」が、参考になります。

1) 並べ替えたいセル範囲 **A4:H15** をドラッグ&ドロップ。

2) **[データ]**タブ→**[並べ替え]**。

3) 「**先頭行をデータの見出しとして使用する(H)**」にチェックを付けます。

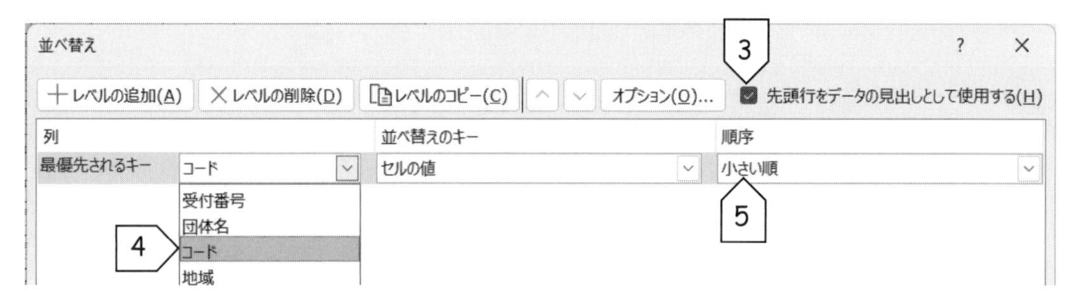

4) 「最優先されるキー」で「**コード**」を選択します。

5) 「順序」で「**小さい順**」を選択します。

6) **[OK]**をクリック。

(3) 以下の手順に従って、**中学校のデータ**を、「**大人**」の**大きい順**に並べ替えます。

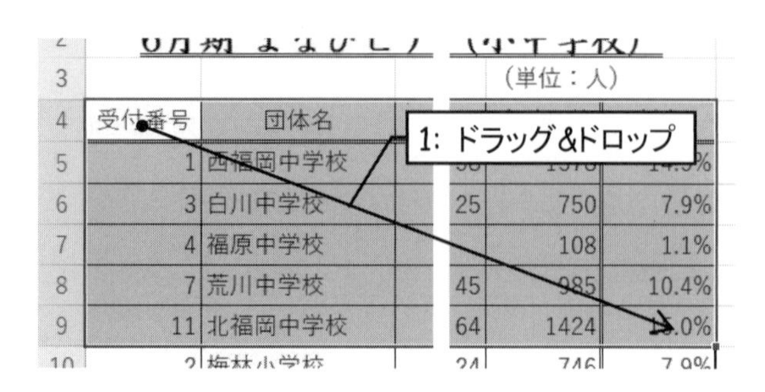

1) 並べ替えたいセル範囲 **A4:H9** をドラッグ&ドロップ。

2) **[データ]**タブ→**[並べ替え]**。

3) 「**先頭行をデータの見出しとして使用する(H)**」にチェックを付けます。

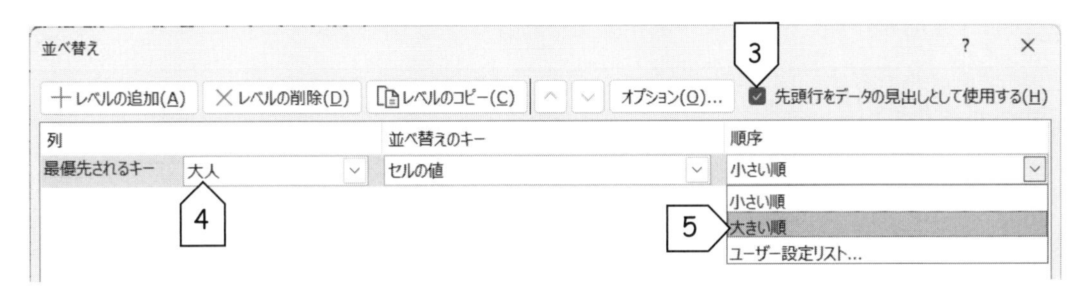

4)　「最優先されるキー」で「**大人**」を選択します。

5)　「順序」で「**大きい順**」を選択します。

6)　[OK]をクリック。

(4)　以下の手順に従って、**小学校のデータ**を、「**合計人数**」の**小さい順**に並べ替えます。

1)　並べ替えたいセル範囲 A10:H15 をドラッグ&ドロップ。

2)　[**データ**]タブ→[**並べ替え**]。

3)　「**先頭行をデータの見出しとして使用する(H)**」のチェックを外します。

4)　「最優先されるキー」で「**列 G**」を選択します。

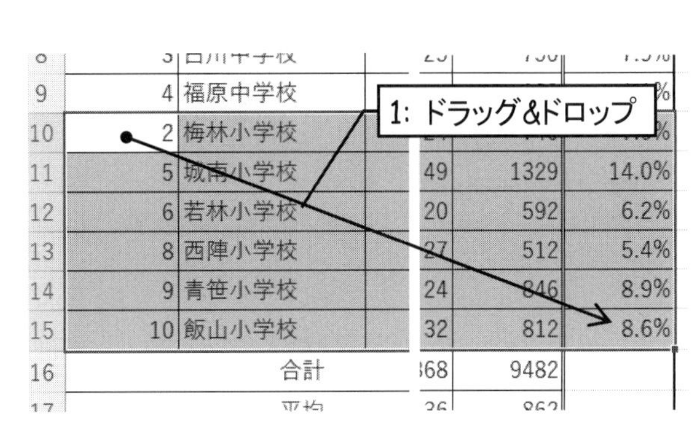

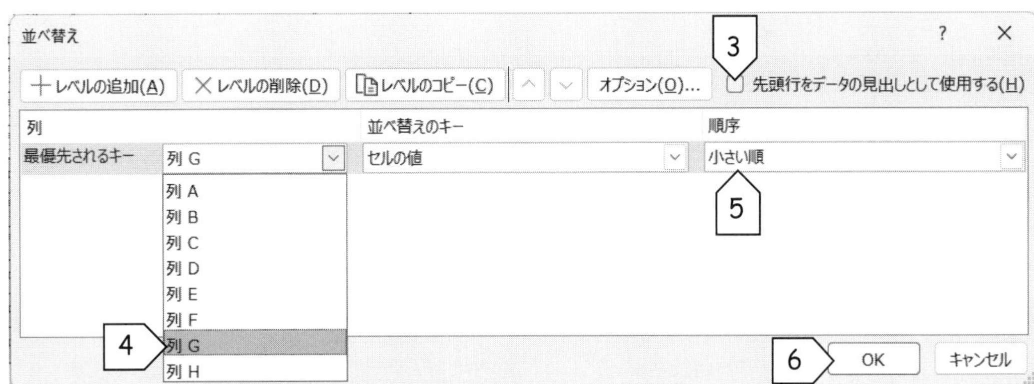

5)　「順序」で「**小さい順**」を選択します。

6)　[OK]をクリック。

(5)　以下の条件に従って、作成したシートのページ設定を行います。

[**ページ**]→　印刷の向き: **横**、用紙サイズ: A4
[**余白**]→　上: 0.9、下: 0.4、左: 0.8、右: 0.3、ヘッダー: 0.8
[**ヘッダー**]→　左端に日時を、また、右端に各自の学籍番号と氏名を表示させます。

(6) 以下の手順に従って、子供と大人の入場者数を積み上げ横棒グラフで表します。ただし、グラフは表の下に配置し、グラフも含めて A4 横 1 ページに印刷できるように調整します。

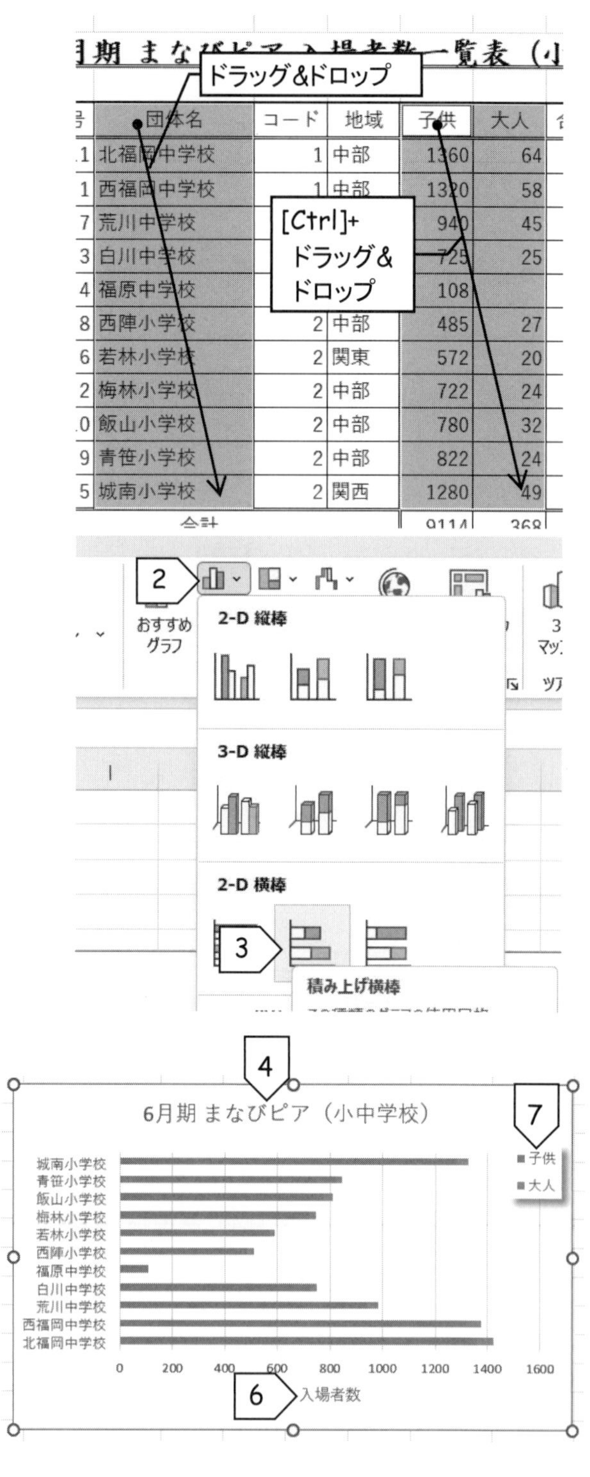

1) グラフで表したい団体名および子供と大人の入場者数のセル範囲 **B4:B15, E4:F15** を選択して、**[挿入]**タブをクリック。

▶ データの範囲には、項目名も、必ず含めます。「**[Ctrl]**を使えば、離れた範囲も一緒に選択 (p. 92)」が、参考になります。

2) 「グラフ」の中から、**[縦棒/横棒グラフの挿入]**をクリック。

3) **[積み上げ横棒]**の形式をクリック。

4) 「グラフ タイトル」を選択して、「**6 月期まなびピア(小中学校)**」に変更します。

5) **[グラフのデザイン]**タブをクリック。

6) **[グラフ要素を追加]**→**[軸ラベル]**→**[第 1 横軸]**を選択して、「**入場者数**」を入力します。

7) 凡例は、「1.5 伝えたい部分を目立たせるには、右クリック→[書式設定] (p. 123)」を参考にして、各自で設定します。

(7) **[ファイル]**タブ→**[印刷]**を選択して、印刷結果を確認します。

(8) 改めて、このシートを上書き保存し、Excel を終了します。

演習 26　まなびピア (その 3: Select)

以下の指示に従って、「まなびピア」で入力した 11 校のデータの中から、条件に合うものだけを Select（抜き出）します。

(1) Excel を起動して、「まなびピア」を開きます。

(2) 以下の手順に従って、入力されている **11 団体のデータ**（**リスト範囲**）の中から、「**地域**」が「**関西**」の団体（**検索条件範囲**）について、それぞれの「**地域**」、「**受付番号**」、「**団体名**」、「**子供**」および「**大人**」（**抽出範囲**）を抜き出します。

▶ 「2.3 Select（フィルター）（p. 128）」が、参考になります。

1) 「地域」をセル **J4** に、また、「関西」をセル **J5** にコピー&ペーストして、「地域」が「関西」という**検索条件範囲 J4:J5** を作成します。

2) セル範囲 **J6:N6** に、抜き出すフィールド タイトル「地域」、「受付番号」、「団体名」、「子供」、「大人」を、それぞれコピー&ペーストして、**抽出範囲**を作成します。

3) 11 団体のデータが入力されているセル範囲 **A4:H15** を**リスト範囲**として選択します。

4) **[データ]**タブ→**[詳細設定]**。

5) 「**指定した範囲(O)**」をクリック。

6) 次の 3 つの範囲を確認・設定します。

リスト範囲(L):	A4:H15
検索条件範囲(C):	J4:J5
抽出範囲(T):	J6:N6

7) **[OK]**をクリック。

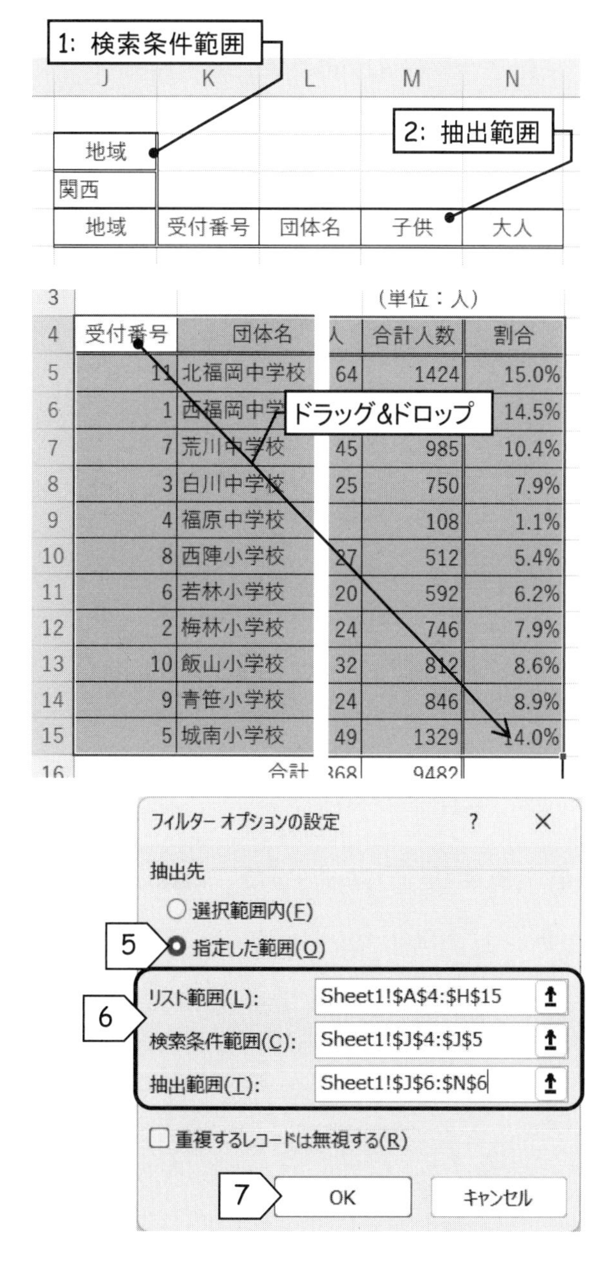

(3) 以下の手順に従って、入力されている **11 団体のデータ**の中から、「**地域**」が「**中部**」で、「**合計人数**」が「**1000 人未満**」の団体について、それぞれの「**地域**」、「**合計人数**」、「**受付番号**」および「**団体名**」を抜き出します。

1) セル **J12**、**J13**、**K12** に、それぞれ「地域」、「中部」、「合計人数」をコピー&ペーストして、セル **K13** に「<1000」を入力し、**検索条件範囲 J12:K13** を作成します。

▶ 「<1000」は、必ず半角で入力します。

2) セル範囲 **J14:M14** に、抜き出すフィールド タイトル「地域」、「合計人数」、「受付番号」、「団体名」を、それぞれコピー&ペーストして、**抽出範囲**を作成します。

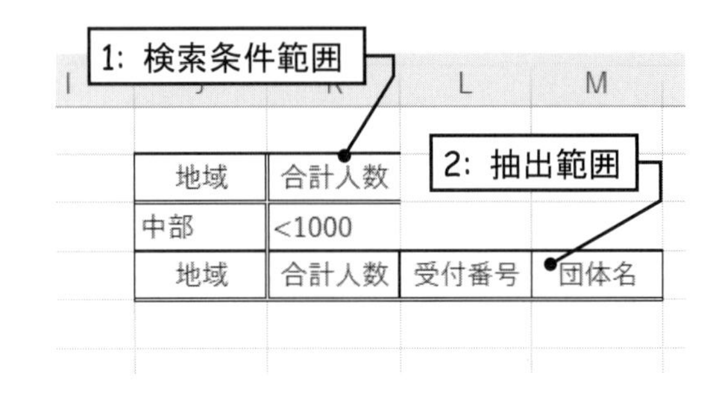

3) 11 団体のデータが入力されているセル範囲 **A4:H15** を**リスト範囲**として選択します。

4) **[データ]**タブ→**[詳細設定]**

5) 「**指定した範囲(O)**」をクリック。

6) 次の 3 つの範囲を確認・設定します。
リスト範囲(L): **A4:H15**
検索条件範囲(C): **J12:K13**
抽出範囲(T): **J14:M14**

7) **[OK]**をクリック。

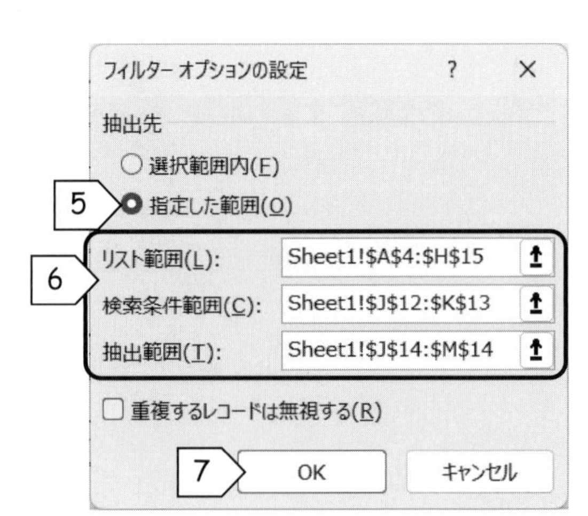

(4) **(3)**で抜き出したデータを、「**合計人数**」の**大きい順**に並べ替えます。

▶ 「2.2 Sort（並べ替え）(p. 127)」が、参考になります。

(5) 以下の手順に従って、入力されている**11 団体のデータ**の中から、「**地域**」が「**関西**」か、あるいは「**団体名**」が「**西から始まる**」の団体について、それぞれの「**地域**」、「**団体名**」、「**受付番号**」および「**割合**」を抜き出します。

1) セル **J20**、**J21**、**K20** に、それぞれ「地域」、「関西」、「団体名」をコピー&ペーストして、セル **K22** に「**西***」を入力し、**検索条件範囲 J20:K22** を作成します。

▶ 「*」は、必ず半角で入力します。

2) セル範囲 **J23:M23** に、抜き出すフィールド タイトル「地域」、「団体名」、「受付番号」、「割合」を、それぞれコピー&ペーストして、**抽出範囲**を作成します。

1: 検索条件範囲

2: 抽出範囲

I	J	K	L	M
	地域	団体名		
	関西			
		西*		
	地域	団体名	受付番号	割合

3) 11 団体のデータが入力されているセル範囲 **A4:H15** を**リスト範囲**として選択します。

4) **[データ]**タブ→**[詳細設定]**。

5) 「**指定した範囲(O)**」をクリック。

6) 次の 3 つの範囲を確認・設定します。
リスト範囲(L):　　**A4:H15**
検索条件範囲(C):　**J20:K22**
抽出範囲(T):　　　**J23:M23**

7) **[OK]**をクリック。

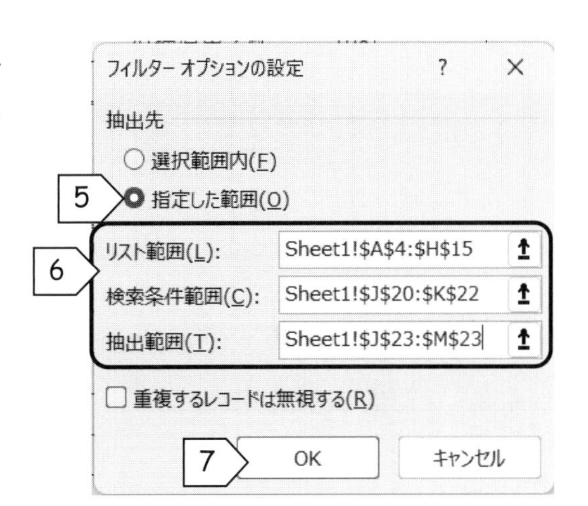

(6) **[ファイル]**タブ→**[印刷]**を選択して、印刷結果を確認します。

(7) 改めて、このシートを上書き保存し、Excel を終了します。

Windows Word PowerPoint Excel

appendix

演習問題 ・・・・・・・・・・・・・・・・・・・・・・・・・138

HTML の基礎知識
1. HTML って ・・・・・・・・・・・・・・・・・・・・・・150
2. HTML のタグ ・・・・・・・・・・・・・・・・・・・・・150

演習 27　住宅相談会開催のお知らせ

以下の指示に従って、「住宅相談会」を開催する案内を作成します。

(1) Word を起動して、下の文書を次の指示に従って入力します。

1) 記述事項の番号「1.」、「2.」は、**[Tab]**を使って左端からの横位置を揃え、本文よりも右側に配置するとともに、「開催日」、「会場」の入力の後も**[Tab]**を押して、その後の文字列の先頭も揃えます。

2) **[Tab]**を表す「→」などの編集記号が表示されていない場合は、**[ファイル]**タブ→**[オプション]** →**[その他...]**→**[表示]**→「**すべての編集記号を表示する(A)**」にチェックを付けます。

20??年 5 月 1 日

視聴者 各位

Gksn-u 放送 広報部

部長 大滝 英二

第 16 回 住宅相談会開催のお知らせ

拝啓□若葉の候、ますますご活躍のこととお慶び申し上げます。

□さて、恒例となりました住宅相談会を、下記の通り開催いたします。今回は第2部に個別相談会を設け、住まいに関するご相談に、より具体的にお答えできるように計画いたしました。ご希望の方は、5 月 14 日までに、別紙の申込書にてお申し込みいただきますよう、ご案内申し上げます。

敬具

記

→ 1. 開催日 → 20??年 5 月 21 日(土)

→ 2. 会場 → Gksn-u 放送会館 2 階 A1 スタジオ

第 1 部	設計	10:30～12:30
第 2 部	税金・相続	14:00～16:30

以上

(2) 作成した文書に、ファイル名「**住宅相談会開催**」を付けて保存します。

(3) 改めて、この文書を上書き保存し、Word を終了します。

演習 28　クラブ費 予算案

以下の指示に従って、とある学校のクラブ費の予算案を作成します。

(1) Excel を起動し、下のデータを次の指示に従って入力します。罫線も適宜設定します。

1) 「クラブ名」の列幅を「**14**」に、「予算合計」の列幅を「**12**」に、「割合」の列幅を「**7**」に設定します。

2) 項目名（「クラブ名」～「割合」、「平均」～「合計」）とクラブ名（「硬式野球」～「サッカー」）をセルの**左右中央**に配置します。

3) タイトル「20??年度 クラブ費予算(案)」を**表全体の幅で左右中央**に配置し、フォントを「**HGP 創英角ポップ体**」の「***斜体***」で、サイズを「**18**」の「**二重下線**」付きにします。

	A	B	C	D	E	F	G
1							
2	20??年度 クラブ費予算(案)						
3	クラブ名	備品	消耗品	大会費	交通費	予算合計	割合
4	硬式野球	150000	50000	12000	14000		
5	陸上	130000	75000	35000	28000		
6	軟式テニス	100000	80000	15500	8900		
7	ホッケー	185000	50000	20000	20000		
8	バスケット	55000	130000	20000	300000		
9	水泳	10000	50000	25000	20000		
10	サッカー	238000	43000	8200	7500		
11	平均						
12	最高						
13	最低						
14	合計						
15							

(2) 各クラブの「予算合計」を、関数 **SUM(範囲)** を使って計算します。

(3) 備品、消耗品、大会費、交通費および予算合計の「平均」、「最高」、「最低」、「合計」を、関数 **AVERAGE(範囲)**、**MAX(範囲)**、**MIN(範囲)**、**SUM(範囲)** を使って計算します。

(4) 各クラブの予算合計の、全クラブの予算合計の合計に対する「割合」（各クラブの予算合計/全クラブの予算合計の合計）を、**絶対参照**（コピー&ペーストしても変わらない）を使って計算します。

▶ 「演習 23 の(6)（p. 118)」が、参考になります。

(5) 作成したシートに、ファイル名「**クラブ費予算案**」を付けて保存します。

(6) 以下の条件に従って、作成したシートのページ設定を行います。

[ページ]→　用紙サイズ: **A4**、印刷の向き: **縦**
[余白]→　上: **1.9**、下: **2.4**、左: **1.8**、右: **1.8**、ヘッダー: **0.8**
[ヘッダー]→　左端に**日時**を、右端に**各自の学籍番号と氏名**を表示させます。

(7) 「サッカー」のすぐ下に、次の 3 つのクラブ（バドミントン、アーチェリー、卓球）のデータを追加して、これまでの処理（計算など）をやり直します。罫線が乱れた場合は、適宜設定し直します。

サッカー	238000	43000	8200	7500		
バドミントン	10000	100000	24000	26000		
アーチェリー	98000	120000	51000	58800		
卓球	8000	48000	20000	20000		
平均						

(8) 金額を表示しているすべての数値の表示形式を、**通貨記号(¥)**付きにします。小数点以下の桁数は「**0**」にします。

(9) 割合を表示しているすべての数値の表示形式を、**パーセンテージ**表示にします。小数点以下の桁数は「**2**」にします。

(10) 次の指示に従って、データを修正します。

1) タイトル「20??年度 クラブ費予算（案）」を「**20??年度 クラブ費予算**」にします。

2) 「バスケット」の「備品」のデータ「55000」を、「**95000**」にします。

3) 「サッカー」の「大会費」のデータ「8200」を、「**19500**」にします。

4) 「卓球」の「交通費」のデータ「20000」を、**消去**します。

5) 備品、消耗品、大会費、交通費および予算合計の「平均」を計算する数式「=AVERAGE(範囲)」を、「**=INT(AVERAGE(範囲))**」にして、整数部分だけの表示にします。

(11) 改めて、このシートを上書き保存し、Excel を終了します。

演習 29　同好会 登録簿

以下の指示に従って、同好会の登録簿を作成します。

(1) Excel を起動し、下のデータを次の指示に従って入力します。罫線も適宜設定します。

1) 「学年」、「クラス」、「番号」および「役職」の列幅を「**6**」に、「氏名」、「同好会」の列幅を「**12**」に、「ふりがな」の列幅を「**16**」に設定します。

2) 項目名（「学年」～「役職」）をセルの**左右中央**に配置します。

20??年度　同好会登録簿

学年	所属	クラス	番号	ふりがな	氏名	同好会	役職
1	管理栄養	B	10	かねこ　さとみ	金子　里美	バドミントン	
2	LifeStyle	A	18	しらい　よしえ	白井　芳江	軽音楽	会長
2	LifeStyle	A	29	にしお　ゆうこ	西尾　優子	バドミントン	副会長
1	LifeStyle	B	2	あらかど　あけみ	新門　明美	バドミントン	会長
1	管理栄養	B	34	はまさき　ゆみ	浜崎　由美	e スポーツ	
2	情報文化	B	46	やまもと　りえ	山本　利恵	バドミントン	会計
2	管理栄養	A	4	もり　くみこ	森　久美子	e スポーツ	
2	LifeStyle		8	おおにし　じゅんこ	大西　順子	バドミントン	
2	管理栄養	A	38	ひらい　まさよ	平井　正代	e スポーツ	
2	美術		14	やの　きくよ	矢野　きくよ	バドミントン	
2	LifeStyle	B	43	やまざき　まみ	山崎　真美	軽音楽	
1	管理栄養	A	3	いたくら　ひとみ	板倉　ひとみ	e スポーツ	
1	幼児教育	B	35	はたなか　ゆき	畑中　有紀	バドミントン	
2	幼児教育	B	40	やまぐち　なみ	山口　奈美	バドミントン	
1	被服		37	ふるかわ　けいこ	古川　景子	e スポーツ	
1	管理栄養	B	38	まつなが　ひとみ	松永　ひとみ	バドミントン	
1	生活		34	たけした　みどり	竹下　緑	e スポーツ	
1	管理栄養	B	12	かめおか　なおみ	亀岡　尚美	軽音楽	

(2) 作成したシートに、ファイル名「**同好会登録簿**」を付けて保存します。

(3) 以下の条件に従って、作成したシートのページ設定を行います。

[ページ]→　用紙サイズ: **A4**、印刷の向き: **縦**
[余白]→　上: **1.4**、下: **1.4**、左: **1.8**、右: **1.8**、ヘッダー: **0.8**、フッター: **0.8**
[ヘッダー]→　左端に**日時**を、右端に**各自の学籍番号と氏名**を表示させます。

(4) 入力した**同好会登録者 18 名のデータ**を、「**学年**」の**大きい順**に並べ替えます。

(5) **2 年のデータ**を、「**番号**」の**小さい順**に並べ替えます。

(6) **2 年のデータ**を、「**同好会**」の**昇順**に並べ替えます。

(7) **2 年のバドミントン同好会登録者のデータ**を、「**所属**」の**昇順**に並べ替えます。

(8) **1年のデータ**を、「**番号**」の**小さい順**に並べ替えます。

(9) **1年のデータ**を、「**クラス**」の**昇順**に並べ替えます。

(10) **1年のデータ**を、「**所属**」の**昇順**に並べ替えます。

(11) **1年のデータ**を、「**同好会**」の**昇順**に並べ替えます。

(12) **1年のデータ**を、「**クラス**」の**昇順**に並べ替えます。

(13) **[ファイル]**タブ→**[印刷]**を選択して、印刷結果を確認します。

(14) 改めて、このシートを上書き保存し、Excel を終了します。

演習 30　バレーボール同好会 会員名簿

以下の指示に従って、バレーボール同好会の会員名簿を作成します。

(1) Excel を起動し、下のデータを次の指示に従って入力します。罫線も適宜設定します。

1) 「背番号」、「学年」および「出身県」の列幅を「7」に、「ふりがな」と「氏名」の列幅を「15」に設定します。

2) タイトル「バレーボール同好会 会員名簿」を**表全体の幅で左右中央**に配置し、フォントを「**HGP 創英角ポップ体**」で、サイズを「16」に設定します。

バレーボール同好会 会員名簿

背番号	ふりがな	氏名	学年	生年月日	出身県	身長[cm]
1	ひらの れいこ	平野 令子	1	2006/3/3	愛知県	165
2	のむら まりこ	野村 真理子	2	2004/12/28	兵庫県	172
3	ふるさわ ゆみ	古沢 由美	2	2004/7/31	愛知県	159
4	おのでら みわ	小野寺 美和	2	2005/2/26	愛知県	156
5	よしざき まゆみ	吉崎 真由美	1	2005/4/22	愛知県	160
6	きだ みゆき	木田 美由紀	2	2005/2/1	岐阜県	170
7	ふじた ゆうこ	藤田 悠子	1	2006/1/8	静岡県	150
8	さとう のりこ	佐藤 則子	1	2005/10/9	愛知県	155
9	さいとう みほ	斉藤 美穂	2	2004/4/7	奈良県	168
10	まつやま あさこ	松山 麻子	1	2006/3/29	愛知県	165
11	やまだ はなえ	山田 華恵	1	2005/6/3	岐阜県	171
12	たなか かのん	田中 花音	2	2004/9/23	愛知県	169
平均						

(2) 学年、生年月日および身長の「平均」を、関数 **AVERAGE(範囲)** を使って計算します。

(3) 生年月日の「平均」の表示形式を、**日付**にします。種類は各自で決めます。

(4) 以下の条件に従って、作成したシートのページ設定を行います。

[ページ]→　用紙サイズ: A4、印刷の向き: 横
[余白]→　上: 1.9、下: 1.9、左: 0.8、右: 0.8、ヘッダー: 0.8、フッター: 0.8
[ヘッダー]→　左端に**日時**を、右端に**各自の学籍番号と氏名**を表示させます。

(5) 作成したシートに、ファイル名「**バレー同名簿**」を付けて保存します。

(6) 入力した **12 名のデータ**の中から、「**出身県**」**が**「**愛知県**」**で**、「**学年**」**が**「**1**」の会員について、それぞれの「**背番号**」、「**ふりがな**」、「**氏名**」、「**学年**」および「**出身県**」を抜き出します。なお、検索条件範囲と抽出範囲は、名簿の右側に、各自で作成します。

(7) **(6)**で抜き出した会員のデータを、「**ふりがな**」の**昇順**に並べ替えます。

(8) 入力した **12 名のデータ**の中から、「**身長[cm]**」**が**「**165 以上**」の会員について、それぞれの「**背番号**」、「**氏名**」、「**身長[cm]**」、「**学年**」および「**出身県**」を抜き出します。なお、検索条件範囲と抽出範囲は、**(6)**で抜き出したデータの下に、各自で作成します。

▶　「演習 26 の(3)（p. 134）」が、参考になります。

(9) **(8)**で抜き出した会員のデータを、「**身長[cm]**」の**大きい順**に並べ替えます。

(10) **(9)**で並べ替えた会員の氏名と身長を、**棒グラフ**で表します。なお、グラフの各種設定は、すべて各自で体裁の良いように設定し、グラフの位置と大きさを表も含めて、A4 横 1 ページに印刷できるように調整します。

(11) **[ファイル]**タブ→**[印刷]**を選択して、印刷結果を確認します。

(12) 改めて、このシートを上書き保存し、Excel を終了します。

※ 関数 **IF(論理式, 真の場合, 偽の場合)** は、3 つのデータをカッコの中に入れます。

※ **論理式**(例えば、「C4>15000」は、セル C4 の値が 15000 よりも大きい)を判定し、正しければ(TRUE なら) **真の場合** を、違っていれば(FALSE なら) **偽の場合** を行います。

※ 論理式には、**比較演算子**を使います。「(2) 比較演算子(p. 102)」が参考になります。

※ 関数 **AND(論理式, 論理式, ...)** は、複数の論理式をそれぞれ判定し、**すべてが正しい(TRUE)とき**、**TRUE** とします。

※ 関数 **OR(論理式, 論理式, ...)** は、複数の論理式をそれぞれ判定し、**いずれかが正しい(TRUE)とき**、**TRUE** とします。

※ 関数 **RANK(数値, $範囲)** は、2 つのデータをカッコの中に入れます。

※ その**数値**が**範囲内で上から何番目か**を計算します。なお、RANK で指定する**範囲**は、だいたい、**[F4]**を使って**絶対参照**(コピー&ペーストしても変わらない)にします。

演習 31　売上目標達成率

以下の指示に従って、ある会社の営業所別の売上の集計表を作成します。

(1) Excel を起動して、下のデータを次の指示に従って入力します。罫線も適宜設定します。

1) 「No.」の列幅を「**6**」に、「営業所」の列幅を「**13**」に設定します。

2) 項目名（「No.」〜「目標評価」）をセルの**左右中央**に配置し、「合計」を「No.」〜「営業所」の**横 2 つ分のセル幅で左右中央**に配置します。

3) タイトル「20??年度　売上目標と達成率」のフォントを、「**HGP 創英角ポップ体**」でサイズを「**18**」にします。

4) 「売上目標」と「売上合計」の数値の表示形式を、「**数値**」で「**桁区切り(,)を使用する**」に**チェックを付け**ます。

	A	B	C	D	E	F	G	H
1								
2	**20??年度　売上目標と達成率**							
3	No.	営業所	売上目標	>15000	目標程度	売上合計	達成率	目標評価
4	12001	岐阜	15,000			15,300		
5	12002	名岐阜駅前	18,000			16,400		
6	12003	笠松	16,000			15,200		
7	12004	一宮	16,000			15,300		
8	12005	国府宮	15,000			14,600		
9	12006	名古屋駅西	16,000			16,000		
10	12007	名名古屋駅前	16,000			16,100		
11	12008	金山	18,000			14,800		
12	12009	神宮前	18,000			12,300		
13	12010	知立	15,000			11,200		
14	12011	安城	16,000			18,200		
15	12012	新安城駅前	14,000			16,200		
16	12013	岡崎	15,000			12,100		
17	12014	東岡崎駅前	18,000			17,200		
18	合計							

(2) 以下の条件に従って、作成したシートのページ設定を行います。

[ページ]→　用紙サイズ: A4、印刷の向き: **横**
[余白]→　上: **1.4**、下: **0.9**、左: **0.8**、右: **0.8**、ヘッダー: **0.8**
[ヘッダー]→　左端に**日時**を、右端に**各自の学籍番号と氏名**を表示させます。

(3) 作成したシートに、ファイル名「**売上目標と達成率**」を付けて保存します。

(4) 売上目標および売上合計の「合計」を、関数 **SUM(範囲)** を使って計算します。

(5) 各営業所および合計の 売上合計 / 売上目標 =「達成率」を計算します。

(6) 以下の手順に従って、各営業所の売上目標について、15000 を超えているか判定するとともに、超えていれば「**高い**」、そうでなければ「**その他**」と表示させます。判定は、関数 **IF(論理式, 真の場合, 偽の場合)** を使って行います。

1) セル **D4** に、「**= C4 > 15000**」を入力し、**D5～D17** の 13 個のセルにコピー&ペースト。

売上目標	>15000	目
15,000	=C4>15000	

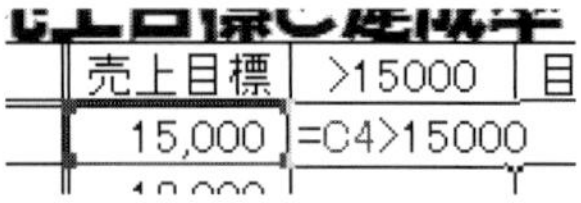

2) セル **E4** に、「**= if(C4 > 15000, "高い", "その他")**」を入力し、**E5～E17** の 13 個のセルにコピー&ペースト。

上目標と達成率

売上目標	>15000	目標程度	売上合計	達成率
15,000	FALSE	=if(C4>15000, "高い", "その他")		
18,000	TRUE	IF(論理式, 真の場合, [偽の場合])		1
16,000	TRUE		15,200	0.95

(7) 以下の手順に従って、各営業所の売上合計について評価します。

1) 「売上合計」の右側に **3 列挿入**し、セル **G3** に「**>=16000**」を、セル **H3** に「**<15000**」を、セル **I3** に「**売上評価**」を入力。

2) セル **G4** に、「**= if(F4 >= 16000, "高い", "その他")**」を入力し、**G5～G17** の 13 個のセルにコピー&ペースト。

売上合計	>=16000	<15000	売上評価
15,300	=if(F4>=16000, "高い", "その他")		
16,400	IF(論理式, [真の場合], [偽の場合])		
15,200			
15,300			

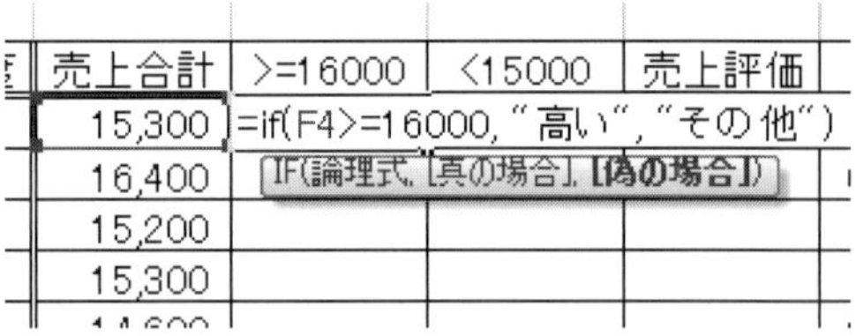

3) セル **H4** に「**= if(F4 < 15000, "低い", "その他")**」を入力し、**H5～H17** の 13 個のセルにコピー&ペーストします。

4) セル **I4** に「**= if(F4 >= 16000, "A", if(F4 >= 15000, "B", "C"))**」を入力し、**I5～I17** の 13 個のセルにコピー&ペースト。

売上合計	>=16000	<15000	売上評価	達成率	目標評価
15,300	その他	その他	=if(F4>=16000, "A", if(F4>=15000, "B", "C"))		
16,400	高い	その他	IF(論理式, [真の場合], [偽の場合])		

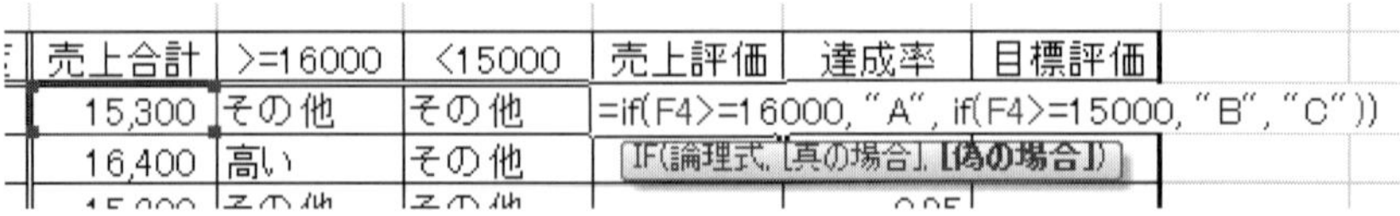

(8) 以下の手順に従って、売上合計の順位を計算します。順位の計算は、関数 **RANK(数値, $範囲)** を使って行います。

1) 「売上合計」の右側に **1 列挿入**し、セル **G3** に「**売上順位**」を入力。

2) セル**G4**に「**= rank(F4, $F$4:$F$17)**」を入力し、**G5～G17**の13個のセルにコピー&ペースト。

> ※ 範囲の指定では、**[F4]**を使って、**絶対参照**(コピー&ペーストしても変わらない)にします。

(9) 以下の手順に従って、各営業所の売上合計について評価します。

1) 「達成率」の右側に**1列挿入**し、セル**L3**に「**表彰**」を入力。

2) セル**L4**に「**= if(and(E4 = "高い", K4 > 0.95), "金一封", "")**」を入力し、**L5～L17**の13個のセルにコピー&ペースト。

3) セル**M4**に「**= if(or(K4 <= 0.9, K4 >= 1.1), "要検討", "適当")**」を入力し、**M5～M17**の13個のセルにコピー&ペースト。

(10) 以下の手順に従って、達成率の順位を計算します。

1) 「達成率」の右側に**1列挿入**し、セル**L3**に「**達成順位**」を入力。

2) セル**L4**に「**= rank(K4, $K$4:$K$17)**」を入力し、**L5～L17**の13個のセルにコピー&ペースト。

(11) 入力した**14営業所のデータ**の中から、「**表彰**」**が**「**金一封**」の営業所について、それぞれの「**No.**」、「**営業所**」、「**売上目標**」、「**売上合計**」、「**売上評価**」、「**達成率**」および「**目標評価**」を抜き出します。なお、検索条件範囲と抽出範囲は、14営業所のデータの下に、各自で作成します。

(12) **(11)**で抜き出した営業所のデータを、「**売上合計**」の**大きい順**に並べ替えます。

(13) **(12)**で並べ替えた営業所、売上目標および売上合計を、**横棒グラフ**で表します。なお、グラフの各種設定は、すべて各自で体裁の良いように設定し、グラフの位置と大きさを、表も含めて、A4横1ページに印刷できるように調整します。

(14) **[ファイル]**タブ→**[印刷]**を選択して、印刷結果を確認します。

(15) 改めて、このシートを上書き保存し、Excelを終了します。

演習 32　勤務時間状況

以下の指示に従って、12 名の会社員の勤務時間状況表を作成します。

(1) Excel を起動して、下のデータを次の指示に従って入力します。罫線も適宜設定します。

1) 「性別」の列幅を「**5**」に、「氏名」の列幅を「**12**」に設定します。

2) 項目名(「社員番号」～「勤務時間」)をセルの**左右中央**に設置し、「平均」～「最小」を「社員番号」～「氏名」の**横 3 つ分のセル幅**で**左右中央**に配置します。

3) タイトル「学泉商事 勤務時間状況」を**表全体の幅**で**左右中央**に配置し、フォントを「**HGP 創英角ポップ体**」の「***斜体***」でサイズを「**16**」、「**二重下線**」付きに設定します。

	A	B	C	D	E	F	G
1							
2	学泉商事 勤務時間状況						
3	社員番号	性別	氏名	出社時刻	退社時刻	勤務時間	
4	1001	女	ゆかり	8:45	17:04		
5	1002	男	こうじ	8:58	17:50		
6	1003	男	けんご	9:02	18:09		
7	1004	女	りえ	8:43	17:42		
8	1005	男	たけし	8:57	17:31		
9	1006	女	のぶこ	8:36	19:55		
10	1007	女	みつえ	8:49	18:23		
11	1008	男	せいじ	9:00	17:08		
12	1009	男	こういちろう	8:12	17:05		
13	1010	女	はなえ	9:30	15:28		
14	1011	女	えいこ	12:49	18:33		
15	1012	女	れいこ	10:12	17:09		
16	平均						
17	最大						
18	最小						

(2) 各社員の勤務時間(**= 退社時刻 - 出社時刻**)を計算します。

(3) 出社時刻、退社時刻および勤務時間の「平均」、「最大」、「最小」を、関数 **AVERAGE(範囲)** 、**MAX(範囲)**、**MIN(範囲)** を使って計算します。また、平均は、**秒まで表示**させせます。

(4) 以下の条件に従って、作成したシートのページ設定を行います。

[ページ]→　用紙サイズ: **A4**、印刷の向き: **横**
[余白]→　上: **1.4**、下: **0.9**、左: **1.3**、右: **1.3**、ヘッダー: **0.8**
[ヘッダー]→　左端に**日時**を、右端に**各自の学籍番号と氏名**を表示させせます。

(5) 作成したシートに、ファイル名「**勤務時間状況**」を付けて保存します。

(6) 以下の手順に従い、出社時刻の早い順位を計算します。

1) 「出社時刻」の右側に**1列挿入**し、「出社時刻」の右のセル**E3**に「**早い順位**」を入力。

2) 出社時刻の早い順位を、関数 **RANK(数値, $範囲, 1)** を使って計算します。

(7) 以下の手順に従い、出社時刻について、評価します。

1) 「早い順位」の右側に**1列挿入**し、「早い順位」の右のセル**F3**に「**早いか？**」を入力。

2) 「早いか？」の2つ上のセル**F1**に「**8:45**」を入力。

3) 「早いか？」の下のセル**F4**に「**= if(D4 < $F$1, "早い", "その他")** 」を入力し、**F5～F15**の11個のセルに**コピー&ペースト**。

(8) 次の指示に従って、データを修正します。

1) タイトル「学泉商事　勤務時間状況」を、「**学泉商事　経理課　勤務時間状況（20??年▽月）**」にします。

2) 「のぶこ」の出社時刻「8:36」を、「**8:05**」にします。

3) 改めて、このシートを上書き保存します。

(9) 入力した**12名のデータ**の中から、「**性別**」**が**「**女**」の社員について、それぞれの「**社員番号**」、「**性別**」、「**氏名**」、「**出社時刻**」および「**勤務時間**」を抜き出し、**出社時刻の早い順**に並べ替えます。なお、検索条件範囲と抽出範囲は、勤務時間状況表の下に、各自で作成します。

(10) 以下の条件に従って、**(9)**で抜き出した社員の氏名、出社時刻および勤務時間を、**3-D効果の付いた積み上げ横棒グラフ** で表します。

「**データの範囲**」→　「**氏名**」、「**出社時刻**」、「**勤務時間**」の各データ（項目名も含む）
「**凡例**」→　「**出社時刻**」および「**勤務時間**」
「**グラフタイトル**」→　「**学泉商事　経理課　女性社員　勤務状況**」
「**第1横軸ラベル**」→「**時刻**」　[**横軸**]→ 最小値： **0.25**、目盛間隔： **0.125**
「**第1縦軸ラベル**」→「**氏名**」

(11) **[ファイル]**タブ→**[印刷]**を選択して、印刷結果を確認します。

(12) 改めて、このシートを上書き保存し、Excelを終了します。

HTMLの基礎知識

webページを作るためには、HTMLというプログラミング言語の知識が必要です。

1. HTMLって

HTMLとは、Hyper Text Markup Language の頭文字で、World Wide Web（世界中に広く張り巡らされた蜘蛛の巣 ：WWW）の上でwebページを記述するためのプログラミング言語です。

通常の文書は、最初から順番に読み進んでいくものですが、小さな項目が網の目のようにつながっていれば、それぞれの項目を自由にたどり、読者のペースで読むことができます。このような構造の文書をコンピュータ上で実現したものが、**Hyper Text**です。アイディアは、1945年に、アメリカの技術者で、情報検索システム構想memexの提唱者であるVannevar Bushによって発表されています。

また、**Markup Language**とは、情報の本体の中に、それぞれの情報の意味付けや区分などを示すキーワードを、特別の目印となる記号を付けて埋め込む（マークアップする）形式の言語のことです。HTMLでは、**<>**という括弧が目印となる記号で、**<html>**のようなタグと呼ばれる文字列によって様々な機能がマークアップされます。

2. HTMLのタグ

HTMLのタグは、<html>と</html>のように、**開始タグ<...>**と**終了タグ</...>**がペアになっていて、このペアのタグに挟まれた部分にその機能が作用します。

また、開始タグの多くには、属性と呼ばれるオプションが付きます。例えば、<h1>というタグにalign=rightという属性を追加して、**<h1 align=right>**とすると、そこから</h1>までの間に入力された文字がページの右端に見出しとして表示されます。

2.1 よく使われるタグと機能

一般に、よく使われているタグをまとめると、以下のようになります。

タ グ	機 能
<body>～</body>	web ページの本文を示す。属性 bgcolor により背景色を、また text で文字の基本色を指定することができる。色の指定は、bgcolor=red や text=#RRGGBB のように行う。
<h1>～</h1>	見出し Header。数字は 1～6 まで指定可能。属性 align により表示の横位置を指定することができる。align=left で左寄せ、center で中央揃え、right で右寄せとなる。
<p>～</p>	段落 Paragraph。属性 align により表示の横位置を指定することができる。
 	改行 break の指定。このタグを入力しないと改行されない。
<font>～</font>	属性 color で表示する文字の色を、size で文字のサイズ（1～7 指定可能）を、また face で書体（例えば、arial、lucida、times roman など）を指定することができる。
<big>～</big>	文字を一段大きく。
<small>～</small>	文字を一段小さく。
<b>～</b>	太字（ボールド）。
<i>～</i>	斜体（イタリック）。
<s>～</s>	取り消し線（ストリック）。
<u>～</u>	下線（アンダーライン）。
[～]	上付きの添え字。
_～	下付きの添え字。
<hr>	横線 Horizontal Rules。属性 align により表示の横位置を、size で線の太さ（ピクセル数で指定）を、width で線の幅（ピクセル数または%で指定）を、noshade で影のない線を、また color で線の色を指定することができる。
<img src="ファイル名">	web ページに、写真やサウンドを貼り込みます。属性 hight や width で、写真の大きさを指定できます。
<a href="アドレス">～</a>	他のページへのリンク先などを指定します。

2.2 色名による色の指定

タグの中に色名を直接書き込んで、色を指定することができます。正式に規定されている色名は、以下の 16 色だそうです。

色名	色	色名	色	色名	色	色名	色
black	黒	navy	紺	silver	銀	blue	青
maroon	小豆	purple	紫	red	赤	fuchsia	紅紫
green	緑	teal	濃緑	lime	黄緑	aqua	水色
olive	オリーブ	gray	グレー	yellow	黄色	white	白

2.3 表で使われるタグ

web ページで表を表示するためには、実際に表の内容を入力するほかに、表自体を表示させるタグを設定しなければなりません。そのためのタグが**<table>～</table>**です。表の最初と最後に入力します。

タ グ	機 能
<table>～</table>	テーブル（表組）の作成。属性 align で表示する表全体の横位置を、border で外枠の太さを、cellspacing で表中の罫線の太さを、cellpadding で文字と罫線との余白を、bgcolor でバックの色を、width で表全体の横幅を、height で表全体の縦幅を指定することができる。
<td>～</td>	テーブルの列の定義。属性 align、valign（縦位置:top、middle、bottom）、bgcolor、rowspan（縦方向のセルの結合）、colspan（横方向のセルの結合）などを指定することができる。
<tr>～</tr>	テーブルの行の定義。属性 align、valign、bgcolor などを指定することができる。
<th>～</th>	テーブル ヘッダーの指定。属性 align、valign、bgcolor、rowspan、colspan などを指定することができる。

● 著者

龍田 建次（たつだ けんじ）

愛知学泉大学 家政学部 教授

● 表紙デザイン・ページ構成

丹羽 誠次郎（にわ せいじろう）

愛知学泉大学 家政学部 教授

2024 年 3 月 13 日　初版　第 1 刷発行

パソコン入門

Windows Word PowerPoint Excel 2021

著　者　龍田建次　

発行者　橋本豪夫

発行所　ムイスリ出版株式会社

〒169-0075

東京都新宿区高田馬場 4-2-9

Tel.03-3362-9241(代表)　Fax.03-3362-9145

振替 00110-2-102907

カット：山手澄香　ISBN978-4-89641-324-3　C3055